心と体がうるおう
肌にやさしい
手作り石けん

アロマティカラボ　木下和美

大泉書店

はじめに

毎日使う石けん。
草花の豊かな香りとやわらかな泡が、肌をやさしく包み込んでくれます。

私が初めて使った手作り石けんは、
ラベンダーの香りがする、白いオリーブ油の石けんでした。

シンプルな石けんでしたが、スーッと体になじむやさしい香りと、
肌あたりのなめらかな泡に包まれる心地よさ、つるりと洗い上がる肌のしなやかさ、
使用感のすべてに感動したことを今でも覚えています。
それからすぐに自分でも石けん作りを始め、以来ずっと作り続けています。

素材の成分、性質を活かして作った手作り石けんは、
自然の洗浄力と保湿力を持ち、皮脂汚れや古い角質をやさしく落としてくれます。
小さな頃からいい香りがする泡立ちのよい石けんは好きでしたが、
手作り石けんに出会ってからは、生活がより心地よく、豊かになりました。

お料理などと同じで、自分の好みの材料やレシピで作れるのも、手作り石けんの魅力です。
最初は少し難しく感じるかもしれませんが、肌馴染みのよいやわらかな泡、
芳しい植物の香りの石けんをオリジナルで作り出せる楽しさは、
きっと皆さんに素敵な時間を届けてくれることでしょう。

毎日忙しく過ごしている方も多いと思いますが、
そんな方にこそ、手作りの石けんに触れてほしいと思います。

心や体を癒してくれる石けん作り、始めてみませんか？

アロマティカラボ　木下和美

CONTENTS

第1章 CPソープの基本

第2章 肌と体にやさしい アレンジCPソープ

第3章 心がやすらぐ アレンジCPソープ

第4章 家族にうれしい アレンジCPソープ

第 5 章

12か月の アレンジCPソープ

石けん作りに使う天然素材

手作りCPソープ Q&A

第 1 章

CPソープの基本

CPソープは、オイルと苛性ソーダを混ぜ合わせて
化学反応を起こして作る、本格派石けんです。
ここでは、知っておきたいCPソープの基礎知識や、
基本の作り方をご紹介します。

CPソープって？

皆さんは、CPソープがどんな石けんかをご存知ですか？
ここでは、CPソープについての基礎知識と、
手作りCPソープの魅力についてご紹介します。

CP = Cold Process
（コールドプロセス）

CPソープは、オイル（油脂）と苛性ソーダ＊を混ぜ合わせて「けん化」という化学反応を起こして作ります。CPソープのCPとは、Cold Process（コールドプロセス）の略。このコールドプロセス製法はオイルと苛性ソーダを混ぜ合わせ、とろりとしたトレース（とろみ）が出たら型に入れてかためる石けんです。その後、1か月ほどかけて乾燥、熟成することで完成します。

＊苛性ソーダは劇物なので、作る際には注意が必要です。

手作りCPソープの魅力

1

使い心地のよさ

CPソープの魅力の一つは、何といっても使い心地のよさ。コールドプロセス製法で作られた石けんは、なめらかな肌あたりとやさしさが特徴です。オイルの良質な成分を残し、ゆっくりと熟成させて石けんを仕上げます。お肌はもちろん、日々の疲れも癒してくれるようなやわらかな泡立ちと、肌触りのよさを体感してみてください。

手作りCPソープの魅力

2

自分に合ったレシピが作れる

お肌の悩みやタイプは人それぞれ。手作りCPソープなら、原料を自分で選び、自分の肌の状態や好みに合わせて作れます。また、低刺激の材料を選べば、敏感肌の人はもちろん、小さな子どもや高齢の人も安心して使うことができます。自分はもちろん、家族や大切な人を思った石けんが作れるのです。

手作りCPソープの魅力

3

豊かな香りづけの世界

精油やドライハーブを使った香りづけも楽しみの一つ。気分や体調に合わせて好みの香りをブレンドすれば、洗顔や手洗い、バスタイムなど、さまざまなシーンで豊かな香りが全身を包んでくれます。精油やドライハーブは香りだけでなく、肌へのはたらきかけなどの効果もあるため、心身によい影響を与えてくれるでしょう。

手作りCPソープの魅力

4

オリジナルのデザインが楽しめる

CPソープは、生地を色づけしたり、表面に絵を描いたり、模様をつけたりと、アイデア次第でさまざまなデザインを楽しむことができます。たとえ失敗しても、それがよい味わいを出してくれることも。親しい方への贈り物としてラッピングにもこだわれば、さらに素敵な世界が広がります。

※不特定多数への石けんの譲渡、販売は法律で規制されています。プレゼントする際は、家族や友人など、贈った相手の使用状況がわかる親近者の間で行いましょう。

CPソープ 基本の材料

CPソープは、オイルと苛性ソーダ、精製水を混ぜ合わせて作る石けんです。
香りづけには精油や芳香のあるドライハーブ、色づけにはクレイや顔料などの素材を使います。

CPソープを作るための4つの材料

a　b　c　d

a オイル（油脂）

石けんの仕上がりを決める重要な材料です。オリーブ油はしっとり、ココナッツ油は泡立ちがよいなど、選ぶオイルによって使用感は大きく変わるため、それぞれのオイルの特徴（p.121）を知り、好みや目的に合わせて選んでいきます。

b 苛性ソーダ

別名は水酸化ナトリウム。薬局で購入できますが、劇物に指定されているため、購入時には身分証明書と印鑑、使用目的の申告が必要です（18歳未満は購入できません）。使う前に必ず、苛性ソーダの取り扱い注意点（p.11）を確認してください。

c 精製水

苛性ソーダを溶かす際に使います。水道水やミネラルウォーターなどとは異なり、水の中に含まれる塩素やミネラル、不純物を取り除いた純度の高い水が精製水です。開封したら早めに使い切りましょう。薬局で購入できます。

d 香りや色づけのオプション

香りや肌へのはたらき、色味をプラスするために使います。香りづけには精油や芳香のあるドライハーブ、色づけにはクレイや顔料などを使用。色合いや柄、デザインのアレンジによって、石けん作りの楽しみがさらに広がります。

香りづけや色づけに使う材料

香りづけや色づけには、主に以下の素材を使用します。詳しい特徴や役割などは、p.120～を参照してください。

精油

精油は、花や果実、樹皮などから抽出した芳香成分で、エッセンシャルオイルとも呼ばれます。100%の天然素材で、原料の植物により独特の香りや効能があります。使用する際には、事前にパッチテストを行うと安心です（p.122）。

ドライハーブ

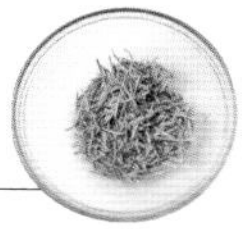

効能や芳香のある植物を乾燥させたもの。精油より香りがやわらかく、効能も穏やかです。細かくして石けんに加えれば、ほのかな香りと質感が演出できます。浸剤（ハーブティー）や、オイルに浸して成分を抽出して使うこともあります。

食品系

ヨモギパウダーやココアパウダーなどの食品系も、石けんの色づけなどに使うことができます。野菜やアロエといった固形物も、液状にして生地に混ぜることが可能。色味や香りを加えてくれるとともに、その食材が持つはたらきも取り込めます。

クレイ、顔料

主に色づけに使用します。クレイは、粘土鉱物をパウダー状にしたものです。吸収・吸着力に優れているため、すっきりとした使用感を与えてくれます。顔料は化粧品にもよく用いられ、鮮やかな色合いが特徴です。

Caution

苛性ソーダの取り扱い注意点

苛性ソーダは劇物に指定されているため、取り扱いには十分な注意が必要です。
必ず以下の項目を確認してから、作業をしてください。また、万が一に備えて、
苛性ソーダ購入時にもらえる「安全データシート（SDS）」に目を通しておきましょう。

- 苛性ソーダは強いアルカリ性で、タンパク質を溶かす性質があるため、肌に触れると化学熱傷を起こす恐れがある。絶対に素手で直接触れないようにすること。
- 作業の際は肌の露出が少ない服装で、エプロン、ゴム手袋、ゴーグル（眼鏡でも可）、マスクを着用して作業する。また、換気がよい場所で作業すること。
- 苛性ソーダや石けん生地に触れる道具は、ステンレス、耐熱プラスチック（※PP、PE）、シリコン、紙コップ、アクリルなどを使用して、場面によって安全に使い分ける。アルミ、銅製品は使用しないこと。
- 苛性ソーダは水に溶かすと高温になり、粘膜を刺激する蒸気が発生する。吸い込まないようにマスクをして、こぼさないよう作業すること。
- 苛性ソーダは空気中の水分を吸収して溶けるので（潮解性という）、計量の際は手早く扱い、使用後はすぐにふたをきちんと閉めること。万が一こぼした場合は、素手で直接触れないように注意し慌てず手早く拾い、少量なら流しにはらって水で溶かして流すこと。
- 苛性ソーダ水をこぼした場合は、肌に直接触れないように注意しながら、雑巾や新聞紙で拭き取ること。肌に触れた場合は、すぐに水で洗い流すこと。
- 苛性ソーダから発生する蒸気を吸い込んでしまった場合は、すぐに空気のきれいな場所に移動し、呼吸しやすい姿勢で休む。その後、異常がある場合は医師の診察を受けること。
- 苛性ソーダに直接触れてしまった場合は、大量の水で念入りに洗い流す。その後、異常がある場合は医師の診察を受けること。
- 苛性ソーダや石けんの生地が目に入ってしまった場合は、水で数分間十分に洗い流し、直ちに医師の診察を受けること。
- 苛性ソーダを飲み込んでしまった場合は、無理には吐かず十分に口をすすぎ、直ちに医師の診察を受けること。

※PP＝ポリプロピレン、PE＝ポリエチレン

CPソープ 基本の道具

CPソープは化学反応を起こして作る石けんですが、
料理やお菓子作りなどで使う道具（耐熱性のもの）で作ることができます。
まずは必要な道具を揃えましょう。ただし、アルミ、銅製品は使用できません。

身支度

エプロン

苛性ソーダや石けんの生地から衣類を保護するために着用する。胸当てがあるほうがよい。

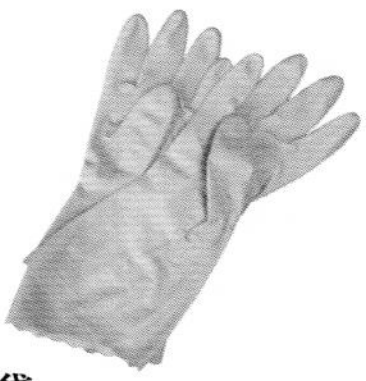

ゴム手袋

苛性ソーダや石けんの生地から手を保護するために着用する。手にフィットするタイプがおすすめ。

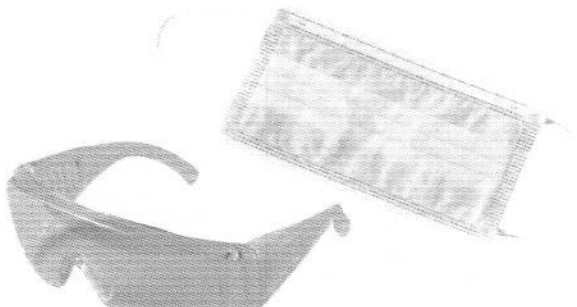

ゴーグル、マスク

苛性ソーダの刺激から目や呼吸器を保護するために着用する。ゴーグルは眼鏡でもOK。

道具

新聞紙

作業台に敷いて汚れないようにしたり、後片づけに使う。

電子ばかり

0.1g単位で計量可能なものがよい。容器の重さを簡単に引ける機能があると便利。

計量ポリカップ

材料の計量や、生地の取り分けに使う。プラスチック製のものがよい。PP、PE製、紙コップも可。

ガラス製計量ビーカー

精油をはかるときに使う。サイズの小さいものが使いやすい。

ステンレススプーン

苛性ソーダの計量や、材料を混ぜるときなどに使う。シリコン製、耐熱プラスチック製も可。

非接触型
温度計でもOK

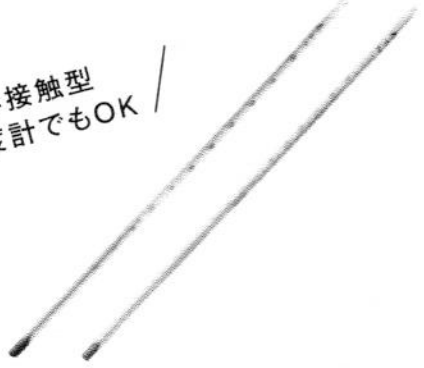

温度計

オイルや苛性ソーダ水の温度をはかるときに使うため、2本用意する。100℃まではかれる棒状のものがよい。

ボウル

石けんの生地を作るときに使う。ステンレス製かPP、PE製のものを用意する。

泡立て器

オイルを混ぜたり、生地を混ぜたりするときに使う。ステンレス製、シリコン製のものがおすすめ。

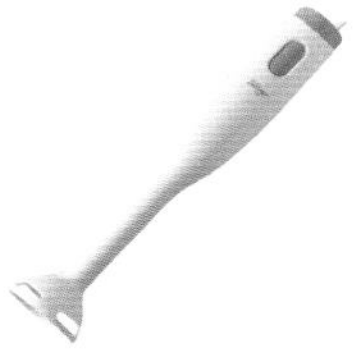

ブレンダー

生地を混ぜるときに使う。石けんと接触する部分がPP製、ステンレス製のものがおすすめ。

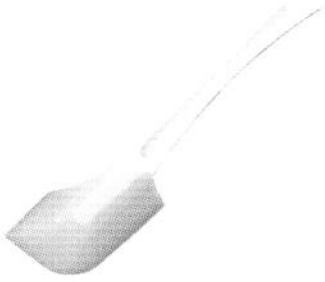

ゴムベラ

石けん生地を型に流し込んだり、表面を平らにならしたりするときに使う。

タオル、バスタオル、ペーパータオル

手を拭いたり、後片づけに使ったりとさまざま。バスタオルは石けんを保温する際に使う。

保温ケース

石けんを保温するときに使う。石けんの型が入るサイズを用意。段ボールを毛布やバスタオルでくるんでもよい。

まな板、包丁

石けんをカットする際に使う。

乾燥用の箱

石けんを並べて乾燥、熟成させるときに使う。クッキングシートを敷くと衛生的。

このほか……

- **ラップ**
  石けんの型にふたをする際に使う。
- **気泡緩衝材**
  石けんを保温する際に包んで使う。
- **クッキングシート**
  石けんの下に敷いたりする。

あると便利な仕上げ道具

石けんをよりきれいに仕上げたい方は、以下の2つの道具があると便利です。

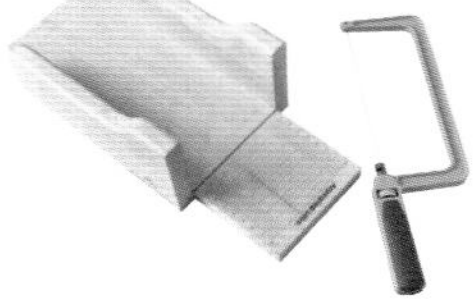

カッター台、ソープカッター

石けんをカットする際に使う。包丁よりも楽に真っすぐカットができるので、きれいな形に仕上がる。

スライサー

石けんの角を面取りする際に使う。ピーラーでも代用可能だが、より本格的に仕上げたいときにおすすめ。

石けんの型

石けんの型には、アクリル製やシリコン製のものがあります(本書ではアクリル製の型を使用)。アクリル製の型の場合、受け皿と押し出し板がセットになっているものがほとんどです。p.127に掲載されている通販サイトなどで購入することができます。

[縦型]

[横型]

[丸型]

memo

石けんの型に使えるもの

牛乳パックや木箱など、家庭にある身近なものも、石けんの型に利用することができます。木や紙の箱は、内側全体にクッキングシートを敷いて使用。型出しの際には、クッキングシートごと取り出したり、切り開いたりするだけなので、簡単で便利です。

[縦型・横型]

- 牛乳パック
- 木箱
- 小物用のクラフトボックス
- ヨーグルト容器
- 食品の保存容器

[丸形]

- 紙コップ
- ポテトチップスなどの円柱の筒

etc.……

手作りの型もおすすめ!

自分で型のサイズを決めるなら、プラスチックダンボール(プラダン)を使った手作りの型がおすすめ。100円ショップ等で購入でき、型出しも簡単です。

[用意するもの]

- プラスチックダンボール
- ボールペン
- 定規
- カッターナイフ
- カッターマット
- マスキングテープ

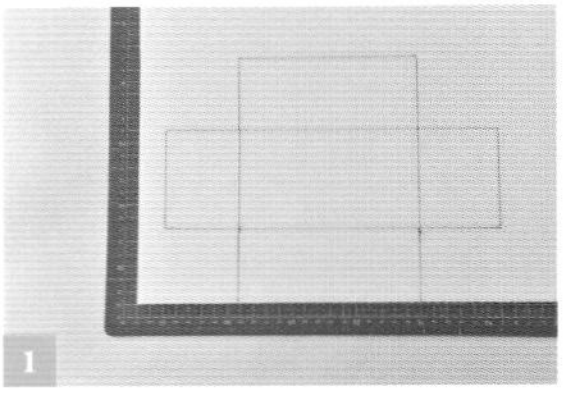

作りたい型のサイズに合わせて、プラダンに展開図を書く。

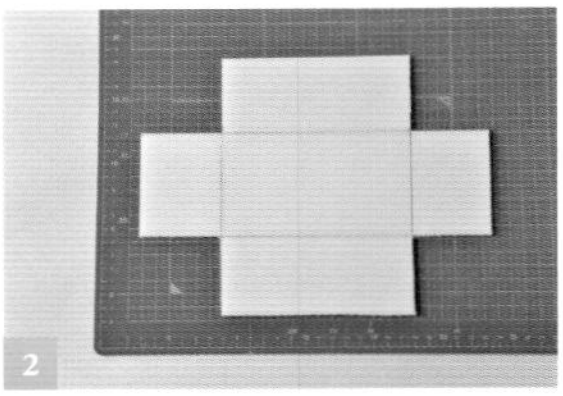

外側の線に沿って、カッターナイフでカットする。

折り曲げ線に薄く切り込みを入れる。このとき、刃を深く入れすぎて切り離さないように注意する。

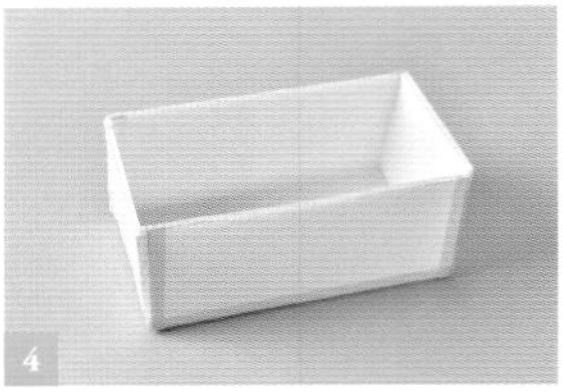

3の切り込みが外側になるように組み立て、マスキングテープなどで留めて完成。石けんを型から出す際は、テープをはがして解体するだけでOK。

作り始める前に確認

Caution

CPソープ作りの注意事項

CPソープ作りでは劇物の苛性ソーダを扱うため、危険なこともあります。
安全に作業し、失敗なく石けんを完成させるためにも、以下の注意事項を必ず守りましょう。

＊苛性ソーダの取り扱い注意点は、p.11を確認してください。

1 作業環境をチェック

換気のできる清潔な場所で、十分な作業スペースを確保します。すぐに水が使えるよう、近くに流しがある場所を選びましょう。また、湯せんにかけたりブレンダーを使ったりするため、コンセントがあると便利。作業中は危ないので、小さなお子さんやペットが近寄らないように注意してください。

2 準備を整える

作業台や床には新聞紙を敷き、作業場が汚れないようにします。露出の少ない服装で、エプロン、ゴム手袋、ゴーグル（眼鏡でも可）、マスクを着用します。また、心にゆとりを持って作業しましょう。必要な材料や道具はすべて事前に用意し、作業しやすいよう並べておくと効率的です。

3 計量は正確に

材料のはかり間違いがないように、計量は正確に行います。一度出した材料を元の容器に戻すのはNGなので、一つずつ慎重にはかりましょう。また、オイルを変えると苛性ソーダの量も変更する必要があるため、最初はレシピ通りに作ります。慣れてきたら、「オリジナルレシピを作ろう」（p.84）を参考にオイルを変えてみるのも楽しいです。

4 すぐに使わない

CPソープは１か月ほどかけて、ゆっくりと乾燥、熟成を進めます。すぐに使いたい気持ちはわかりますが、熟成するまで気長に待ちましょう。カット時や熟成の間でも、肌に刺激となることがあるので素手で触るのはNG。また、初めて使用する際にはpH（ピーエイチ）の確認を行い（p.22）、手洗いに使って使用感を試してから、顔や体に使っていくと安心です。

CPソープ 基本の作り方

材料や道具が用意できたら、早速CPソープ作りにチャレンジしてみましょう。
ここでは、オリーブ油、ココナッツ油、パーム油の3つのオイルに、
精油のティーツリーを加えたオーソドックスなCPソープの作り方を説明します。
作り始める前に、作業環境や身支度の準備を忘れずに。

作業の手順

1 | 苛性ソーダ水を作る

2 | オイルをはかる

3 | オイルに精油を加える

4 | 苛性ソーダ水をオイルに加え、トレースを出す

5 | 型に流し、保温する

6 | 型から出し、カットする

7 | 乾燥、熟成させる

完成!

[材料]

オイル

- オリーブ油……150g
- ココナッツ油……120g
- パーム油……110g

精製水……100g

苛性ソーダ……52.6g

精油

- ティーツリー……5g

*精油は3g程度でも十分香ります。

[準備]

- すべての材料と道具を用意する。
- 作業場の風通しをよくする。
- 作業台や床に新聞紙かビニールシートを敷く。
- エプロン、ゴム手袋、マスク、ゴーグルを身につける。

[必要な道具]

- p.12〜13で紹介した基本の道具一式
- 石けんの型(縦70×横200×高80mm)

START!

1 | 苛性ソーダ水を作る

1 はかりに計量カップをのせて目盛りをゼロにし、精製水をはかる。

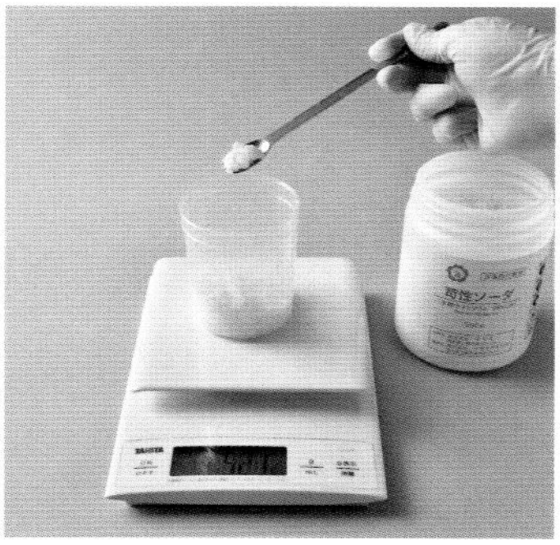

2 別の計量カップをはかりにのせて目盛りをゼロにし、苛性ソーダをステンレススプーンでこぼさないように正確にはかる。

3 [1]の精製水に[2]の苛性ソーダを静かに入れる。

Caution

苛性ソーダを入れて混ぜると、90℃近くまで温度が急上昇し、刺激のある蒸気が発生します。絶対に吸い込んだり、素手で触ったりしないように注意! 温度が下がると蒸気は発生しなくなります。

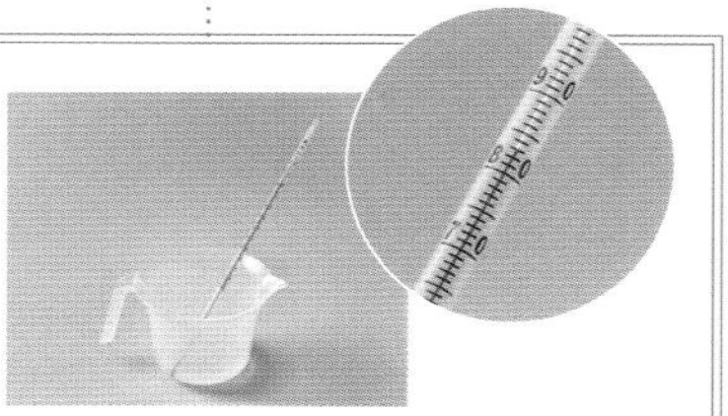

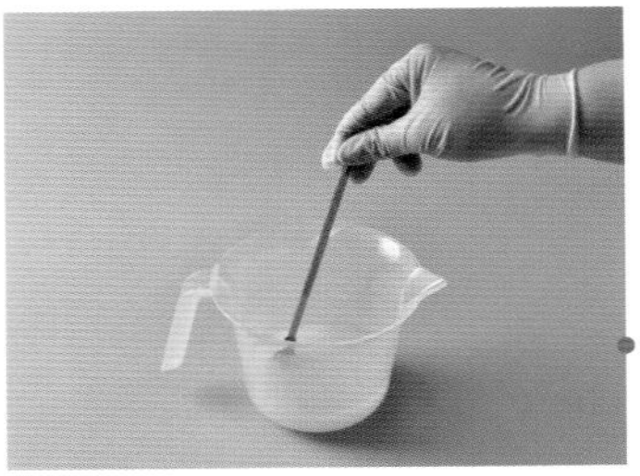

4 苛性ソーダが完全に溶けて透明になるまでステンレススプーンでよく混ぜ、40℃まで冷ます。

POINT

あらかじめ冷やしておいた精製水を使用したり、氷水を入れたボウルに[4]を入れて冷やすと時間短縮になる。

2 | オイルをはかる

1 はかりに計量カップをのせて目盛りをゼロにし、オリーブ油を入れてはかる。

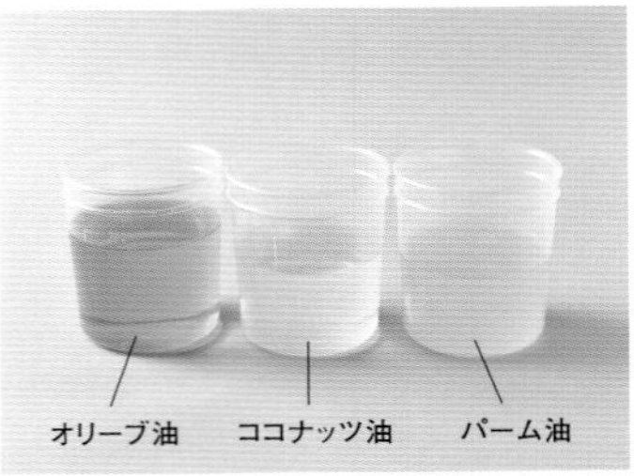

2 同様にココナッツ油とパーム油をはかる。ココナッツ油、パーム油は常温以下では固形のため、ボトルの中でかたまっている場合は、あらかじめボトルを湯につけて溶かしておく。

memo

固形の油脂（シアバター、ココナッツ油、パーム油など）を使用する場合は、固形のままナイフなどでカットしてボウルに入れてはかり、湯せんなどで温めて溶かして使用してもOK。

3 [2]のオイルをボウルに移す。カップにオイルが残らないよう、最後はゴムベラを使うとよい。

4 すべてのオイルをボウルに移したら、泡立て器で軽く混ぜ合わせる。

5 [4]のオイルを50〜70℃の湯で湯せんにかけ、約40℃になるまで温める。

memo

ステンレスボウルなら、IHクッキングヒーターに直接のせて温めてもOK。耐熱カップや耐熱ボウルの場合、電子レンジで様子を見ながら温めてもよい。

3 オイルに精油を加える

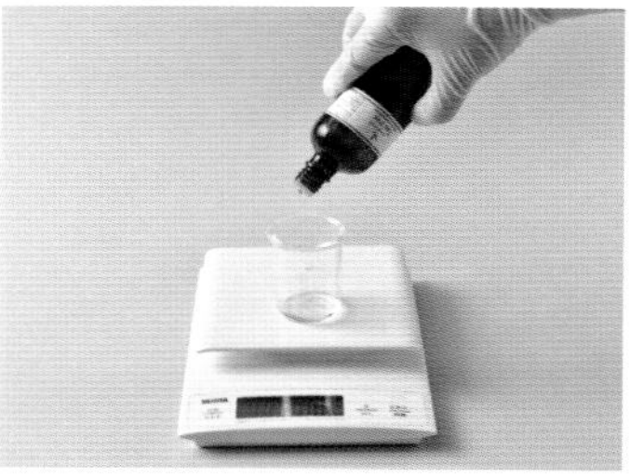

1 はかりにガラス製計量ビーカーをのせて目盛りをゼロにし、精油を入れてはかる。

2 約40℃になった2－[5]のオイルに[1]の精油を加え、泡立て器で混ぜ合わせる。

4 苛性ソーダ水をオイルに加え、トレースを出す

1 苛性ソーダ水とオイルの温度が38～43℃に整ったら、3－[2]に1－[4]を少しずつ加え、泡を立てず、生地が飛び跳ねないように、全体が白くなるまで混ぜる。

2 全体が白くなったらブレンダーを入れる。ブレンダーを傾けてカップの中の空気を抜いたらスイッチを入れ、1～2秒ブレンダーをかける→ブレンダーを止め、ブレンダーをボウルの底につけたまま10回ほどくるくる混ぜる→泡立て器で軽く混ぜる（※ブレンダーは入れたまま）。これををトレース*が出るまで15～20回繰り返す。*トレースとは、生地が白っぽくとろりとした状態のこと。

memo

ブレンダーがない場合は、泡立て器で15～20分混ぜ続け、その後、休みながらトレースが出るまで混ぜ続ける（レシピにより30～60分程度）。

3 トレースが出た状態。これで石けん生地の完成。

POINT

トレースは、マヨネーズがやわらかくなったくらいのかたさ。泡立て器を持ち上げたときにしたたり落ちた生地の跡が表面に残るくらいの状態がベスト。デザインにより、ゆるめ、しっかりめなど、トレースの状態を調整する。

4 ボウルの縁や底をゴムベラでなぞるようにして、周りについているオイルをこそいでよく混ぜ、生地を均一にする。

5 | 型に流し、保温する

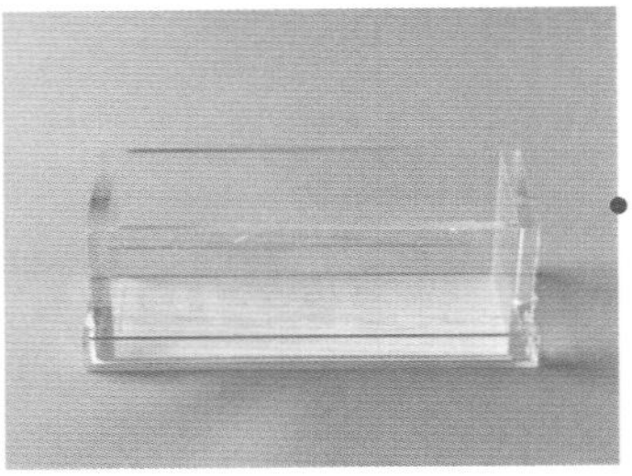

1 型を用意する。ここではアクリル製の型を使用。底にラップをピタッと張り、受け皿にセットする。

POINT

ラップが受け皿にくっついてしまうことがあるため、ラップ面と受け皿の間にコピー用紙などを挟むとよい。

2 型に生地をゆっくりと流し込む。ゴムベラに伝わせて流すと気泡が入りにくく、きれいに仕上がる。

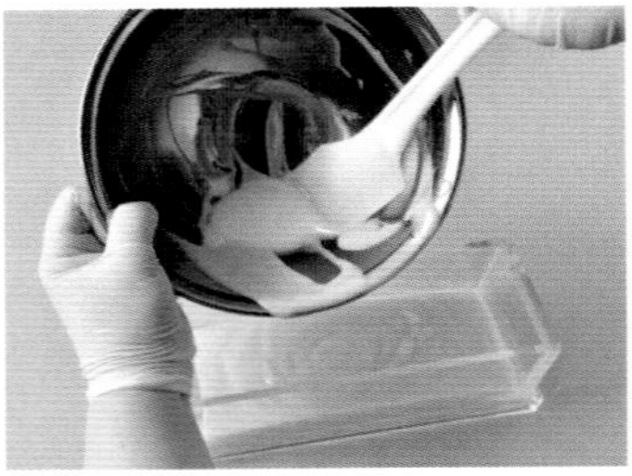

3 ボウルに残っている生地をゴムベラでかき集め、型に流す。ボウルの中がきれいになるまで、しっかり取りきること。

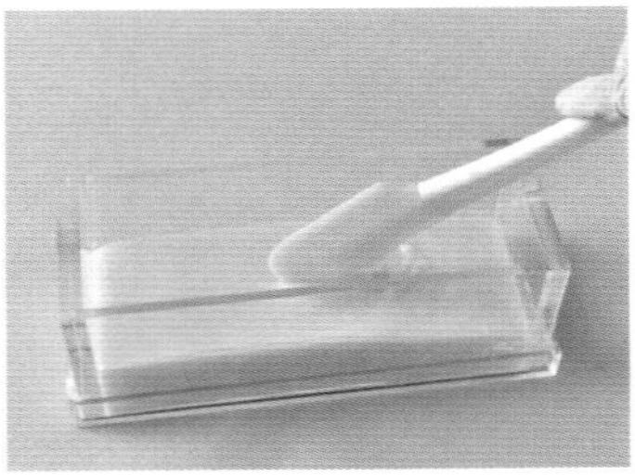

4 流し終えたら生地の表面をゴムベラで平らにならす。さらに軽くゆらして表面をなめらかにする。

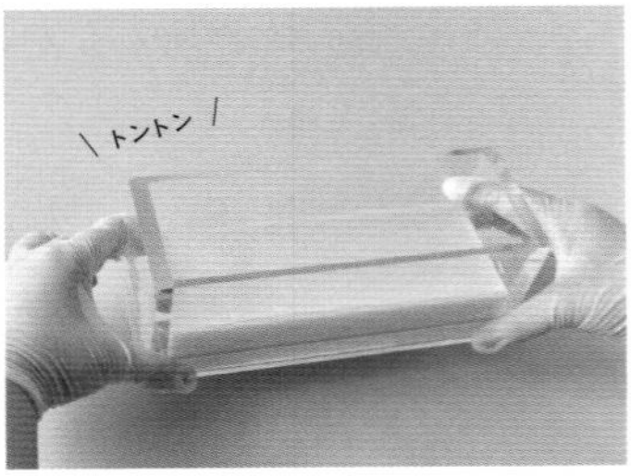

5 型を軽く上下にトントンと落として空気を抜き、表面を整える。

6 型にラップでふたをして密閉し、保温ケースに入れて40～50℃で24時間保温する。

memo

保温箱がない場合、ラップをかけたら気泡緩衝材、バスタオルの順に包み、この状態で24時間保温する。

POINT

夏場ならバスタオルなどは不要。冬場はさらにダンボールに入れ、保温するとよい。

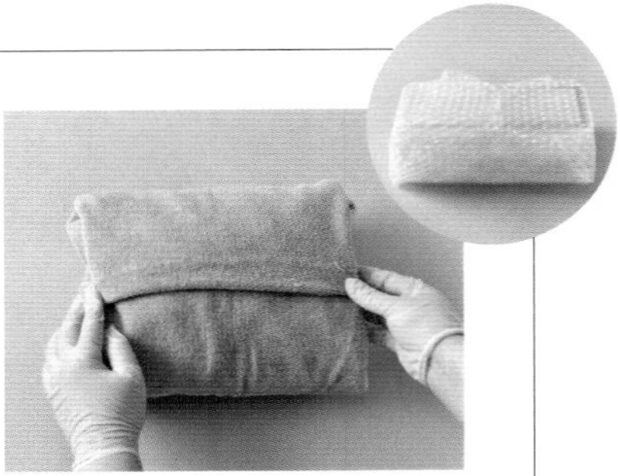

まだ素手では触らないこと!

6 | 型から出し、カットする

1 型入れから24時間以上たったらケースから出し、ゴム手袋をして型から取り出す。かたまっていない場合はさらに24時間寝かせる。

POINT

石けんがかたまっているかは、アクリル製の型なら受け皿を外し、底面をやさしく触って確認。牛乳パックなどは生地の端と中央を触り、生地がかたく乾いている状態になっていればOK。

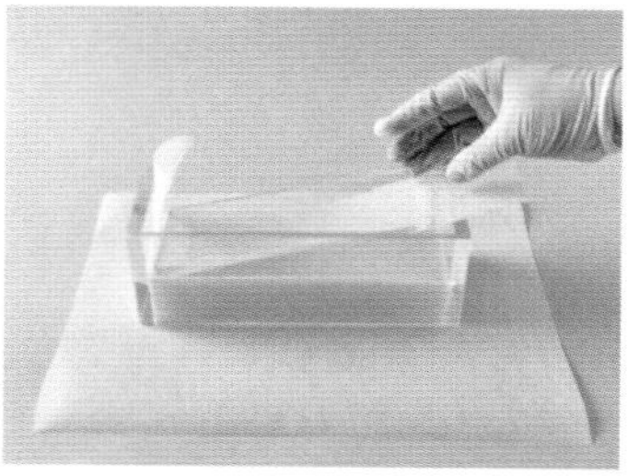

2 受け皿とラップを外し、石けんの表面にクッキングシートを敷いてアクリル板をのせる。

memo

表面にデザインした場合や型出ししにくいときは、型を裏返しにして底面にクッキングシートとアクリル板を当てる。アクリル板を手のひらで押し込むと石けんが動いて型出ししやすくなる。

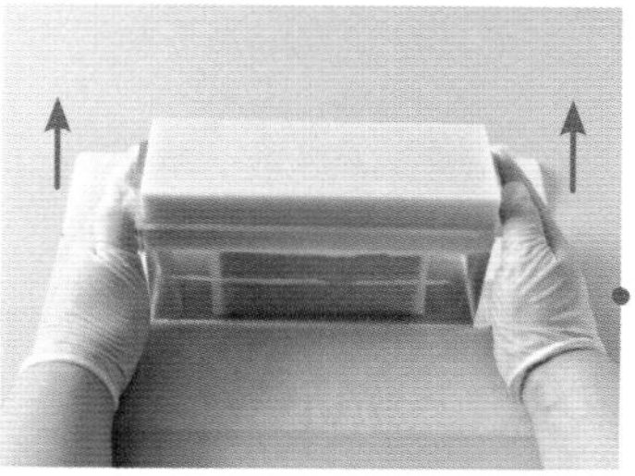

3 [2]の状態のまま裏返しにして、かたい長方形の木材などを石けんの下に当て上へ押し出す。

POINT

シリコンの型（左）や高さのない丸型の型（右）の場合は、そのまま手で押し出す。丸型の型では、石けんに直接触れないようクッキングシートを間に挟む。また、牛乳パックなどを型にした場合は、周りをはがすだけでOK。

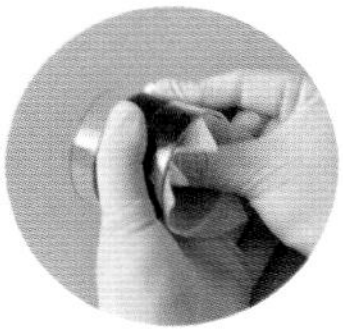

4 型から出して1〜2時間乾燥させたらまな板の上に石けんを置き、包丁でカットする。

memo

カッター台とソープカッターを使うと、まっすぐきれいな仕上がりになる。

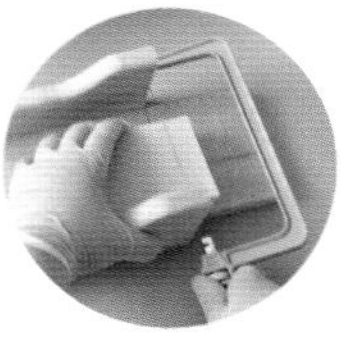

7｜乾燥、熟成させる

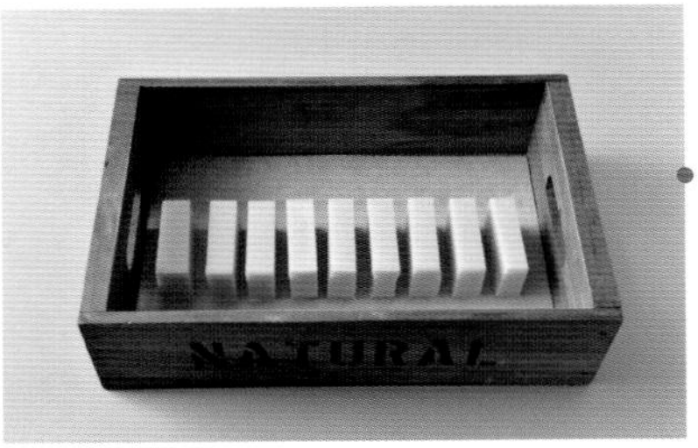

POINT

石けんの置き場所は、高温多湿、温度差、においやほこりを避けること。1週間おきに石けんの向きを変えると、ムラなく乾燥できる。

1 カットした石けんを木箱などに間隔をあけて並べ、日の当たらない通気性のよい場所で１か月間、乾燥、熟成させる。

完成！

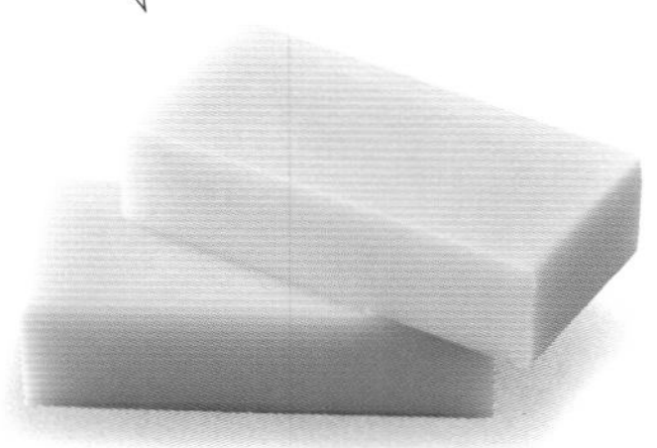

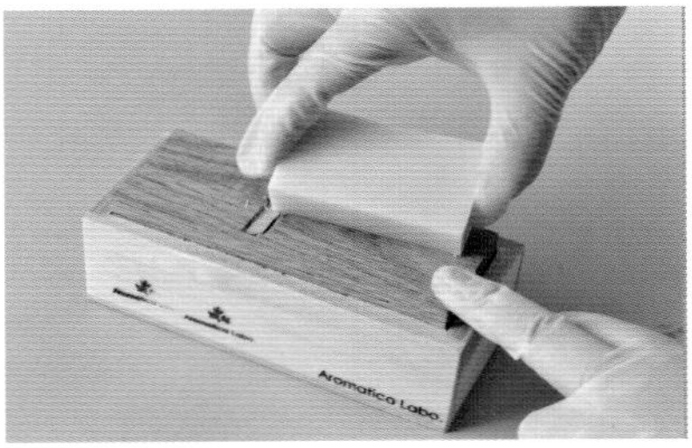

2 乾燥、熟成中または熟成後、石けんの角をスライサーで面取りする。面取りすると石けんのあたりがやわらかくなり、使用感がやさしくなる。

memo

スライサーがない場合は、ピーラーで代用可能。

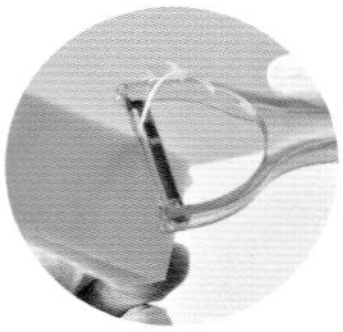

使用前にpH（ピーエイチ）の確認を

pHとは……

pHとは水溶液の性質を表す単位で、0〜14の値で酸性からアルカリ性までを示します。pH7程度が「中性」、それより小さい値が「酸性」、大きい値が「アルカリ性」となり、石けんはpH8.5〜10.5（弱アルカリ性）の範囲が望ましいといわれます。石けんを使う際は、pH試験紙でpHをはかってから使用すると安心です。

［ pHのはかり方 ］

石けんを水で泡立て、2〜3㎝に切り取ったpH試験紙を浸す（1秒以内）。変色した部分を5秒以内に色見本と見比べて判定。近い色の数値がpHの数値です。

pH試験紙。色見本と比べてpHを測定する

初めて石けんを使うときは

初めて石けんを使うときは、いきなり顔には使わず、［手→体や耳の後ろ→顔］の順に使っていくと安心。つっぱるなどの違和感があれば、さらに１週間ほど寝かしてから試してみてください。

後片づけの仕方

CPソープ作りで使った道具には強いアルカリ性の生地が残っているため、
そのまま洗い流したり、素手で触れたりするのは厳禁。
次の手順で片づけるようにしましょう。

［ 用意するもの ］

● ゴム手袋　● ペーパータオルや新聞紙　● ポリ袋　● 食器用洗剤や石けん　● スポンジ

---

1 ゴム手袋をはめ、ボウルや泡立て器などに残った生地をペーパータオルや新聞紙で拭き取る。道具の表面が見えるまで、しっかり拭き取る。

⚠ 拭き取ったペーパータオルや新聞紙は直接手で触れないようにしてポリ袋に入れ、居住地域のルールに従い、可燃ごみとして処分する。

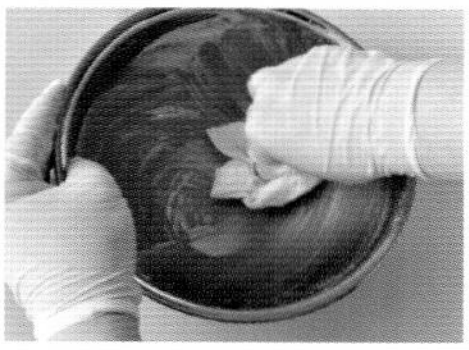

2 スポンジに食器用洗剤や石けんをつけてしっかり洗う。ぬるつきが取れない場合は2度洗いする。

3 洗い終わったら水気を拭き取り、乾燥させる。道具はきちんと洗い流せば料理用と兼用してもOKですが、気になる方は用途を分ける。

［ ブレンダーの洗い方 ］

ブレンダーはCPソープ作りに重要な道具です。
きちんと手入れをし、長持ちさせるように心がけましょう。

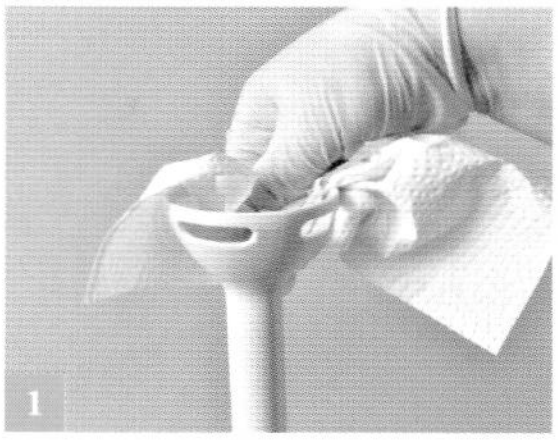

1 コンセントを抜いて、脱着可能な機種は先端部を外し、残った生地をペーパータオルや新聞紙で拭き取る。内側もしっかり拭き取る。

＊拭き取った生地は可燃ごみとして処分する。

2 スポンジに食器用洗剤や石けんをつけてしっかり洗い、ぬるま湯で洗い流す。

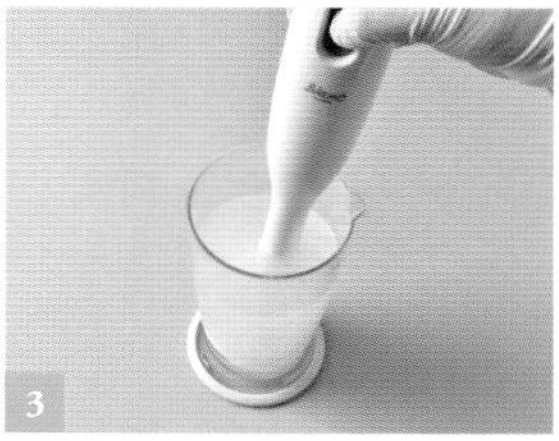

3 コンセントを差して（先端部をセットし）、水を入れた専用カップ（または計量カップなど）にブレンダーを入れる。電源を入れて羽根を回転させ、水がにごらなくなるまで洗う。

色のつけ方や描画の基本

CPソープは、カラフルな色づけやデザインができることも魅力の一つ。
色づけや描画などの基本をおさえて、
きれいでかわいい石けん作りの世界を広げてみてください。

よく使う道具

プラカップ、紙コップ

色材を溶いたり、色づけ用の生地を取り分けたりするときに使う。大、小サイズがあると便利。

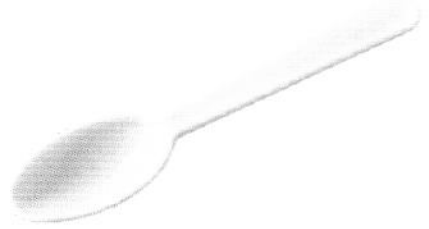

プラスチックスプーン

色材を溶いたり、生地に模様をつけたりするときに使う。デザート用の小さなスプーンもあると便利。

茶こし

色材パウダーを振り入れて、生地に色づけやデザインをする際などに使う。

スポイト

石けんの表面に絵を描いたり、色材の量を調整したりする際に使う。

色のつけ方

色材には、主にクレイや顔料を使用。
生地全体の色づけや、描画用の色生地を作る際に使います。
食品パウダーを使うこともあります。

クレイや顔料を使う

クレイや顔料は、少量のオイルで溶き、
生地に加えて色づけします。

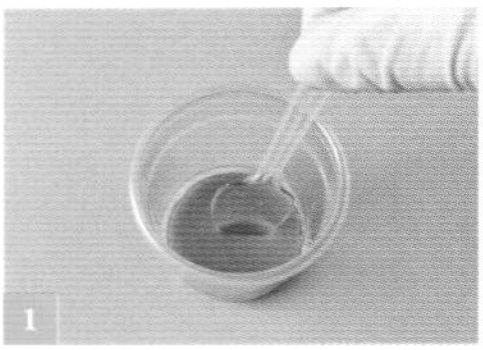

1

プラカップなどに色材を入れ、少量のオイルでダマが消えるまでよく溶く。＊レシピにより、精製水で溶く場合もある。

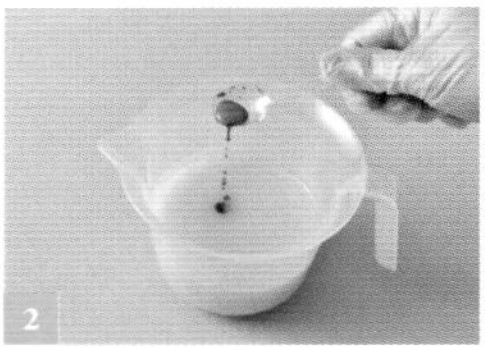

2

色づけする生地に、1 を必要な分だけ少しずつ加え、好みの色にする。

3

全体をよく混ぜて均一にする。色が薄ければさらに 1 を加え、濃度を調整する。

パウダーを直接生地に加える場合

食材のパウダーなど、生地に直接加える場合は、ダマができないように茶こしで少しずつ振り入れ、色づけする。

模様の作り方

石けん生地の模様づけのバリエーションはさまざまです。
ここでは、マーブル模様の作り方を紹介します。

マーブル模様を作る①

生地を混ぜ合わせて型に流すだけのマーブル模様の作り方です。
シンプルな方法ですが、デザイン性がグッと上がります。

1 色材などで色づけした生地を作り、２色以上の生地を紙コップなどに入れる。

2 マーブル模様になるよう、軽く混ぜ合わせる。

3 マーブル模様の状態をキープしたまま、型に流し入れて完成。

マーブル模様を作る②

スプーンの柄などを使い、くるくると模様を描くマーブル模様の作り方です。
生地の動かし方により、さまざまな表情に変化していきます。

1 型にベース生地を流し込んだら（１色でもOK）、その中央に色材などで色づけした生地を縦に流す（何色でもOK）。

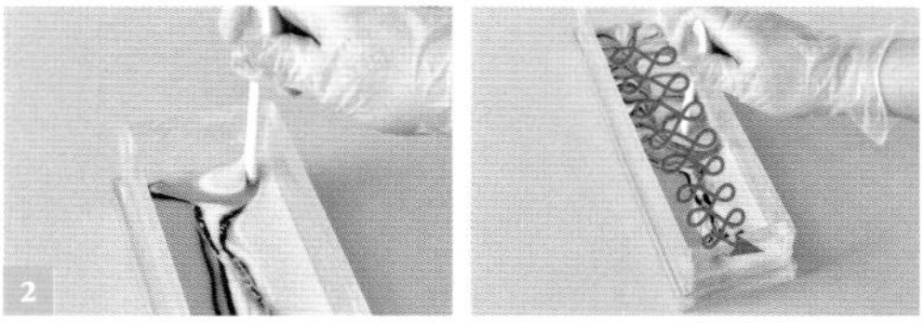

2 生地の上部中央にスプーンの柄を差し込み、下に向かって左右に円を描くようにくるくると模様を描いていく。止まらず、均等な円を描いていくときれいに仕上がる。

＊もちろん、自由に描いて個性を出すのもOK。

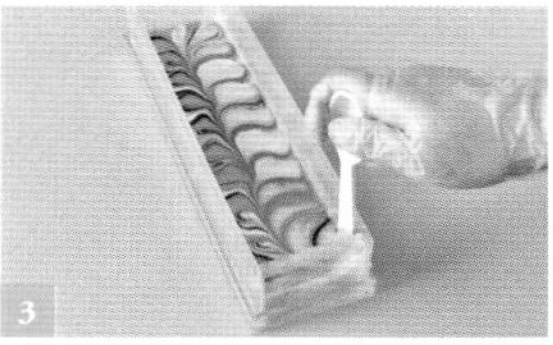

3 最後まで描けたら、スプーンをそっと引き抜いて完成。

層の作り方

色違いの生地で石けんに層を作りたい場合は、
順番に生地を重ねていくだけでOK。2層目以降は一気に生地を流すと
層が崩れやすいので、スプーンなどで重ねていきます。

直線の層を作る

層の厚みは均等にしても、変化をつけても◎。
好みのバランスを見つけてください。

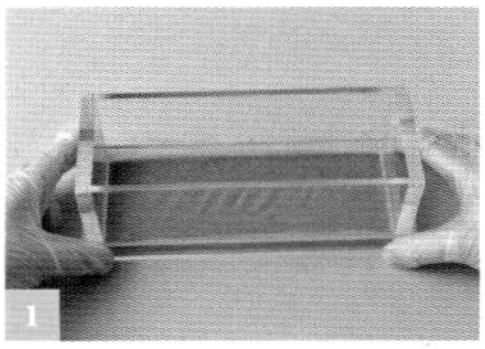

1 作りたい層の分だけ色材などで色づけした生地を作る。１段目の生地を型に流し、ゆすって表面を平らにならす。

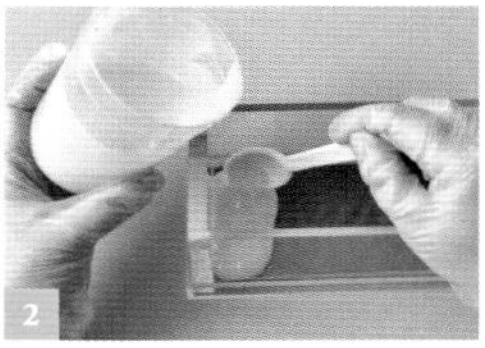

2 ２段目の層の生地を、スプーンで型の端からそっと重ねていく。

3 [2] の表面をスプーンで平らにならす。２層目以降も同じ要領で重ねていって、完成。

カーブさせたい場合

層の境目にカーブなどの動きを出したい場合は、写真のように型の下にタオルなどを挟んで斜めに傾け、型の側面を伝わせて生地を流すとよい。

絵の描き方

石けんの表面に絵を描けば、たちまちアート感溢れる石けんに。
同じ要領でいろいろな模様を描いたり、メッセージを書いたりすることも可能です。

1 必要な色の数だけ、色材などで色づけした生地を用意する。

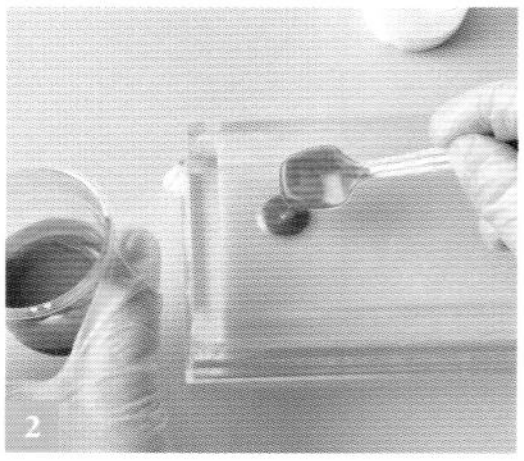

2 ベースの生地を型に流し、1を使って好きな絵を描いていく。

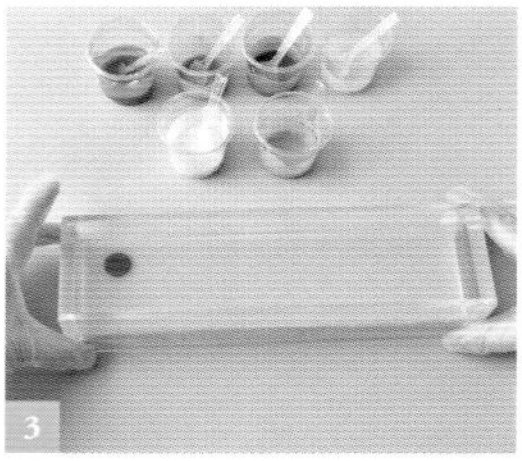

3 絵柄の部分がぷっくり盛り上がる場合、型をトントンと上下に落として平らにならす（あえてぷっくりさせてもOK）。

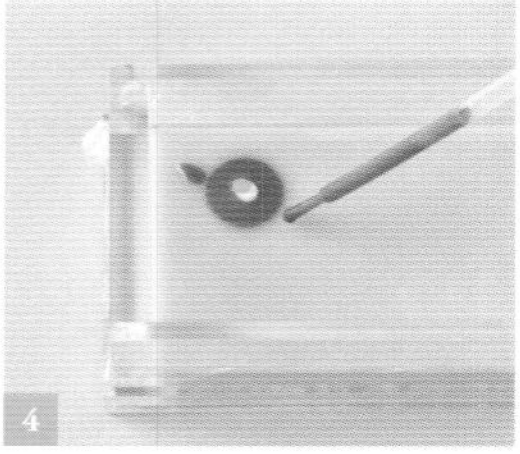

4 色を重ねるなどして続けて描いていく。葉っぱやしずく、長細いものなどはスポイトを使うと描きやすい。

口金を使ったデコレーション

お菓子作りと同じ要領で、口金としぼり袋を使った
デコレーションも可能。華やかな石けんに仕上がります。
道具もお菓子作りのものと同じです。

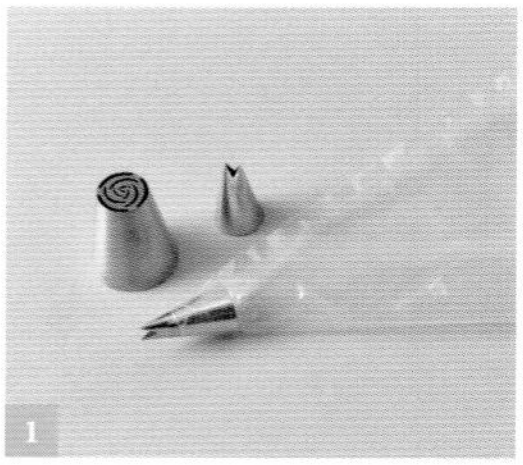

1 好みの口金としぼり袋を用意する。生地を入れる前に、口金の先端はマスキングテープなどでふさいでおく。

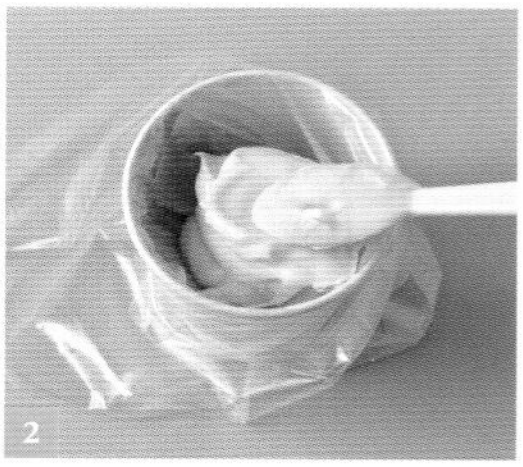

2 紙コップに口金をつけたしぼり袋を入れ、生地を詰める。複数色使う際は、色違いの生地を袋の側面に縦に塗るように詰める。

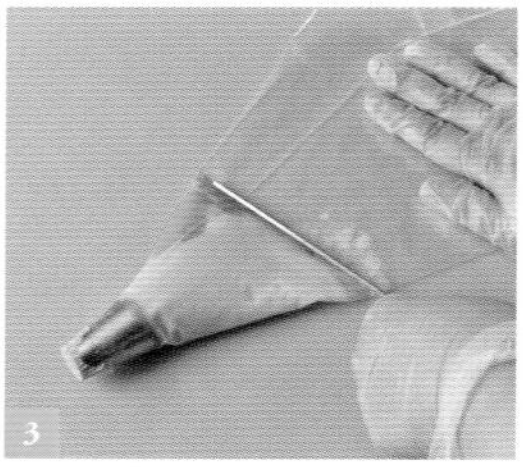

3 生地を詰めたら、スプーンの柄などで空気を抜きながら生地を袋の先端に集める。

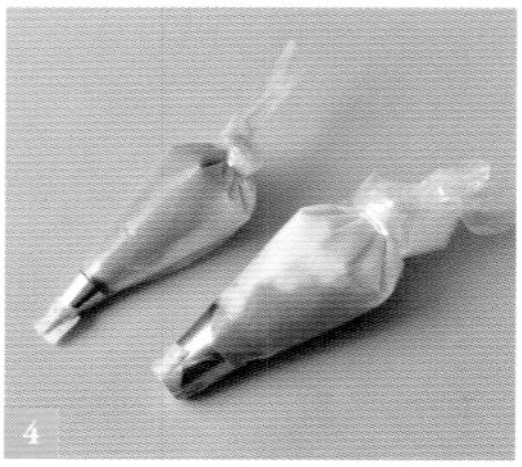

4 同じ要領で必要な分だけ作り、袋の余分な部分はしばる。

5 土台の石けんの好きな位置に、4をしぼって完成。

memo

いろいろな口金を使ってみて！

しぼるだけで立体の花ができたり、葉っぱの形になったりと、口金の種類はバリエーション豊富。ぜひ、好みのものを探してみてください。お菓子作りの通販サイトや、100円ショップでも購入できます。

スタンプや型押しの仕方

石けんの表面にスタンプを押すだけで、
オリジナル感が格段に上がります。
名前入りの石けんにするのも素敵です。

スタンプを押す

石けんをカットして表面が乾燥したら、表面に伸びるタイプのラップを被せ、好きなスタンプを置く。

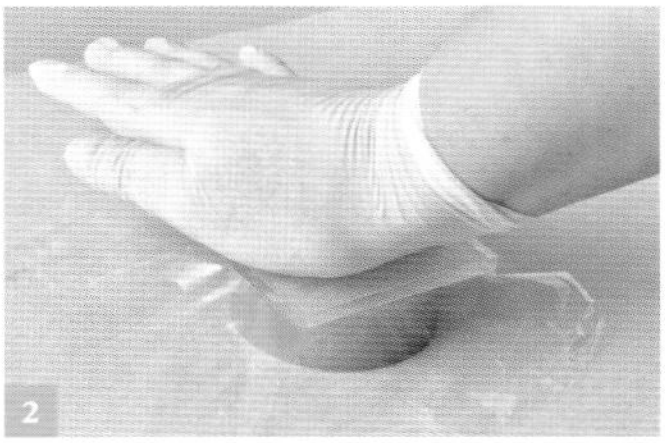

手のひらを使って均等に力を加えて押す。力を入れすぎると文字や形がつぶれるので注意する。

型押しする

生地を型に流したら、口金の縁などで型押しする。生地がやわらかいうちに押すことで、浮き出たようなデザインができる。

石けん粘土の作り方

余った石けんを活用した石けん粘土の作り方をご紹介。本書では、「きのこと落ち葉ソープ」(p.116)などで使用しています。石けんを無駄にすることがないうえ、好きな形に形成できるので、デザインの幅が広がります。

[用意するもの]

- 余った石けん(100g)
- 食品保存袋
- コーンスターチ(30〜60g)

余った石けんを細かくして食品保存袋に集め、手で揉んで全体を潰す。

コーンスターチを加える。

さらに均一になるまで10分ほど揉み込む。＊揉み込むときに袋に生地を広げすぎないように注意。

石けんが袋からはがれ、ひとかたまりになるくらいまで揉んだら完成。

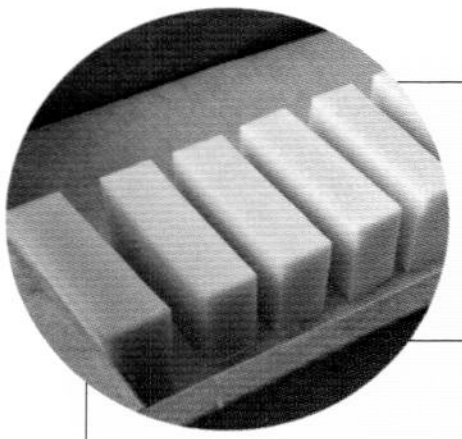

完成した手作り石けんの保管方法

使用感のよい手作り石けんをさらに半年ほどじっくり熟成させると、
肌あたりがやわらかくなり、使い心地に感動することでしょう。
上手に保管するためのポイントを確認しましょう。

高温多湿や光を避けて保管

完成した石けんは、高温多湿や光を避けて保管します。気温が高い日は石けんがぬるついたり、雨の日はベタついたりと劣化が進むので、夏や梅雨の時期は特に注意が必要。夏場はできるだけ涼しい場所で保管しましょう。冷蔵庫の野菜室等での保管もおすすめです。その際はにおい移りに気をつけて、取り出した際の温度差で結露が起こらないよう、使う分だけ取り出すなど工夫してみてください。真空パックしたり、食品保存袋やタッパーに入れたりすると香りも飛びにくく、酸化や湿気からも守れるのでおすすめです。一緒に乾燥剤を入れておくのも◎。石けんをクッキングシートなどに包むだけでも、持ちはグッとよくなります。

［ 保管の際に避ける条件 ］

- 高温多湿
- 温度差のある場所
- 光（直射日光、蛍光灯）
- においのきつい場所
- ほこり

使い切る目安は半年〜1年

手作り石けんを使い切る目安は、使い始めてから半年〜1年程度ですが、レシピや保管環境によって変わります。使用前には、酸化で変色していないか（黄ばみや茶色い斑点など）、油が古くなったような酸化臭がしないかなどを必ず確認してから使いましょう。

memo

時間が経つと変色するものも

インフューズドオイルや野菜といった植物色素で色づけした石けんは、色が薄くなったり真っ白になったりと退色することがあります。光や酸素を避けて保管し、早めに使用するようにしてください。

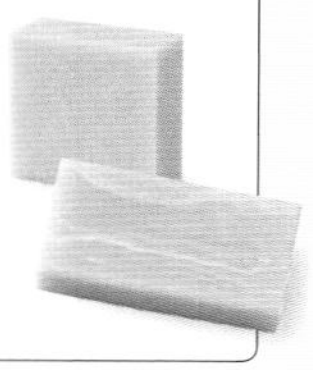

材料やレシピを記録しておく

石けんを作り続けていくと、いつどのレシピで作った石けんなのか曖昧になってきます。作成日は使用期限を判断する目安となるので、レシピとともに記録を残すようにしましょう。また、同じレシピでも作った季節によって石けんの出来や持ちも違います。作成日、レシピ、その日の天気、気温、湿度、作業時間など、さまざまな情報を記録して考察することで、質のよい石けん作りに繋がります。

第 2 章

肌と体にやさしい アレンジCPソープ

使用するオイルなどの配合により、石けんに
さまざまな作用を添加できるのもCPソープの魅力。
第2章では、毛穴汚れや乾燥、肌荒れなど、
お悩み別のレシピをご紹介します。

毛穴の汚れを落とす

クレイソープ

How to make >>>p.32

毛穴の汚れには、
優れた吸収・吸着力があるクレイがおすすめ。
肌への浸透力が高いマカデミアナッツ油も使用し、
市松模様に仕上げました。

皮脂バランスを整える

ヨモギソープ

How to make >>>p.34

保湿成分を含んだヨモギパウダーと、
皮脂バランスを整えてくれる
ゼラニウム精油を配合。泡立ちよく、
なめらかに洗い上げてくれる石けんです。

クレイソープ ［ p.30 ］

※精油は3g程度でも十分香ります。

［ 材料 ］

オイル

- マカデミアナッツ油……125g
- オリーブ油……65g
- パーム油……75g
- パーム核油……75g
- ヒマシ油……40g

精製水……100g
苛性ソーダ……50.0g
精油
- フランキンセンス……5g

ピンククレイ（モンモリロナイト）……1g

［ 必要な道具 ］

- p.12～13で紹介した基本の道具一式
- 石けんの型（縦55×横65×高180mm）
- 仕切り板
- プラカップ
- プラスチックスプーン（大、小）
- ガラス棒

生地を作る

1　「基本の作り方」（p.16～）の4－4までの手順に従い、石けん生地を作る。

色づけする

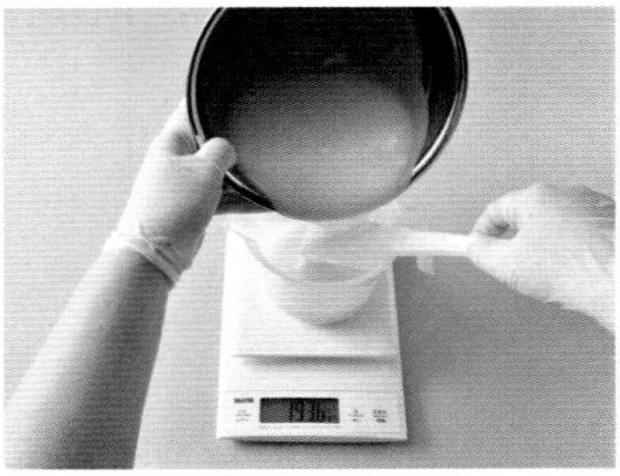

2　1の生地の半量（約260g）をポリカップに取り分ける。

3　材料表にあるいずれかのオイル少量（分量外／常温で液体状のもの）でピンククレイを溶く。

4　2の片方の生地に3を少しずつ加える。

5　好みの色になるよう、3の量を調整しながら混ぜ合わせる。

型に流す

6　型に仕切り板（6マス）を入れる。

7 ピンクと白の生地をそれぞれ3マスずつ1㎝ほど流し込む。こうすることで、底面がきれいに仕上がる。

POINT ガラス棒などに生地を伝わせながら流すと気泡も入らず入れやすい。

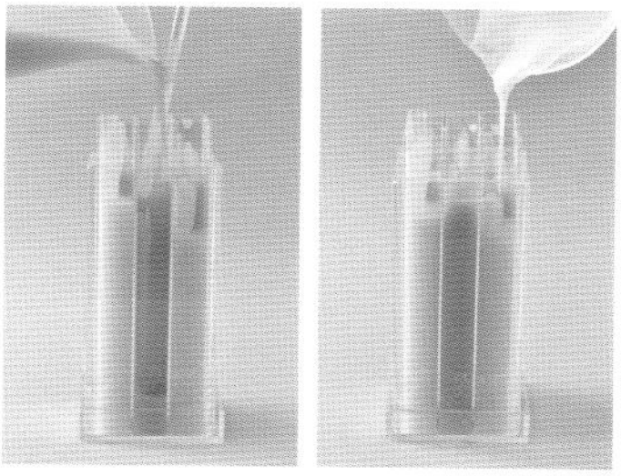

8 ピンクと白の生地を、それぞれ3回くらいに分けてつぎ足すように流し込んでいく。

POINT 少しずつ生地を流し入れることで、生地の重さによる底面のデザイン崩れの防止につながる。

9 すべての生地を型に流し、ピンクの生地と白の生地の高さを揃える。

型から出し、カットする

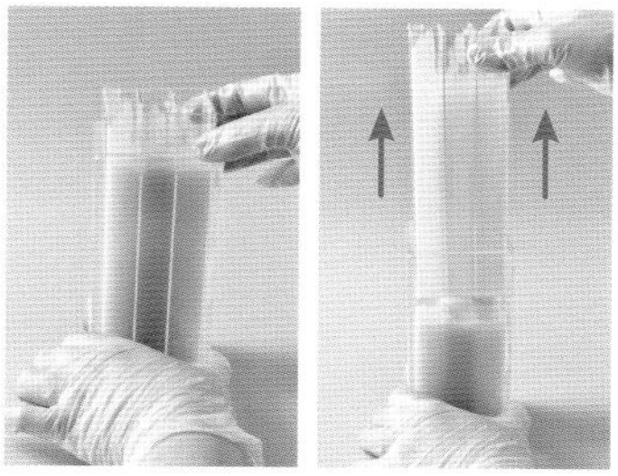

10 仕切り板をゆっくりと10秒ほどかけて上に引き上げて抜く。

! 生地を流してから時間をおくと、生地がかたまり、抜きにくくなるので注意。

11 仕切り板を抜いたら、「基本の作り方」の5－[6]の手順に従い、保温する。

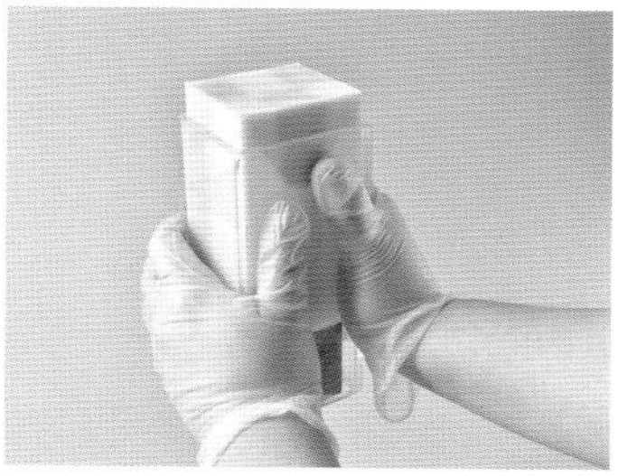

12 24時間以上保温したら、「基本の作り方」の6－[1]～[3]の手順に従い、型から出す。

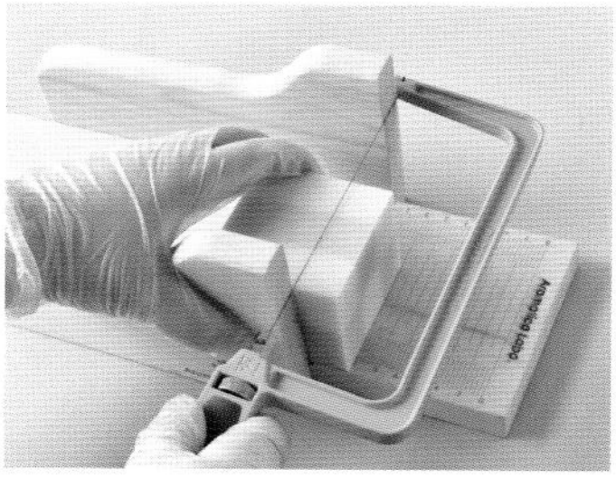

13 「基本の作り方」の6－[4]以降の手順に従い、カット→乾燥、熟成させる。

•Arrange•

ボーダー柄にチェンジ

型に生地を流す際、型を斜めに傾けながら白とピンクの生地を交互に流し込むと、ボーダー柄のソープが完成！

ヨモギソープ ［ p.31 ］

※精油は1種類でもOK。3g程度でも十分香ります。

［ 材料 ］

オイル
- スイートアーモンド油……150g
- ココナッツ油……115g
- パーム油……50g
- パーム核油……65g

精製水……100g

苛性ソーダ……54.5g

精油
- ゼラニウム……3g
- マジョラム……2g

ヨモギパウダー……3g

グリーンクレイ……2.5g

［ 必要な道具 ］

- p.12〜13で紹介した基本の道具一式
- 石けんの型（縦67×横130×高58mm）
- 茶こし
- プラカップ
- プラスチックスプーン（大、小）

ベースの生地を作り、型に流す

1 「基本の作り方」（p.16〜）の4－4までの手順に従い、石けん生地を作る。トレースはゆるめにする。

2 1の生地の半量（約260g）をポリカップに取り分ける。

3 取り分けた2の生地にさらにブレンダーをかけ、ぽってりとした強いトレースを出す。

グリーンクレイを振る

4 型に3を流し込み、ゴムベラで表面を平らにならす。

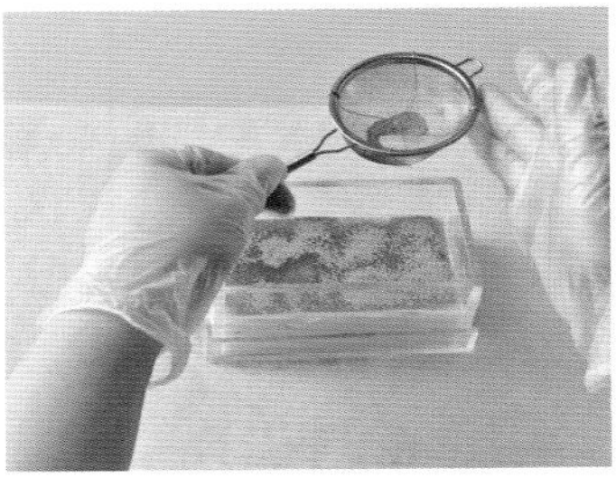

5 グリーンクレイを茶こしで振り入れ、表面に薄く敷き詰める。

! クレイを厚くすると、石けんの層が分裂しやすくなるので注意する。

6 型の縁についたグリーンクレイは、指ではらって型の中に落とす。

ヨモギの生地を作る

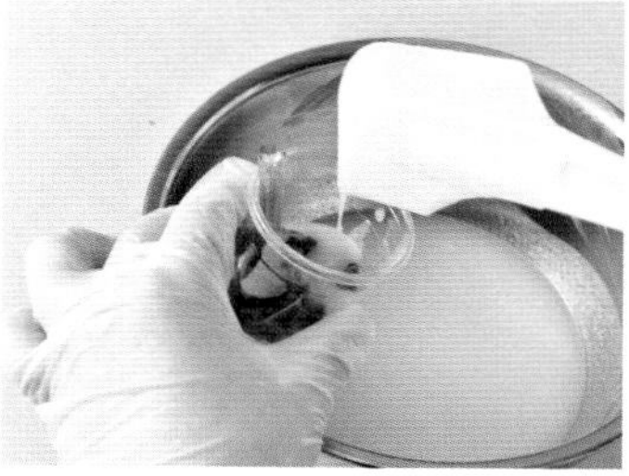

7 ヨモギパウダーを入れたカップに、2でボウルに残った生地を少量すくい入れて溶く。

8 7をボウルの生地に加え、ゴムベラでよく混ぜ合わせる。

ヨモギの生地を型に流す

9 6に8を型の端からスプーンでそっとのせていく。

10 全面に広げたら、型のまわりだけに生地をのせていく。こうすることでデザインのラインが真っすぐきれいに出る。

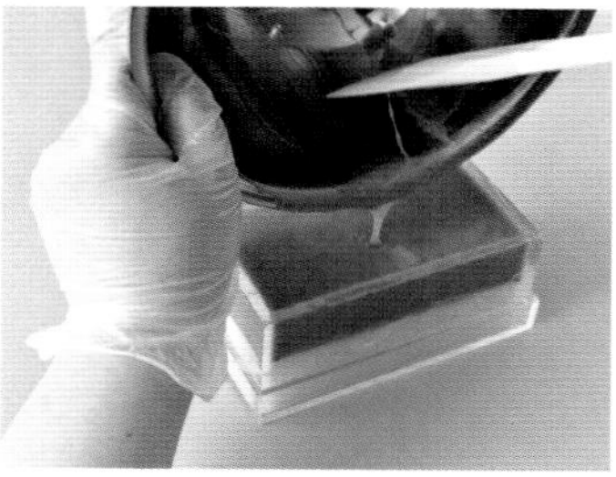

11 1cmくらいの高さになったら残りの生地をゆっくり流し込み、「基本の作り方」の5－6の手順に従い、保温する。

型から出し、カットする

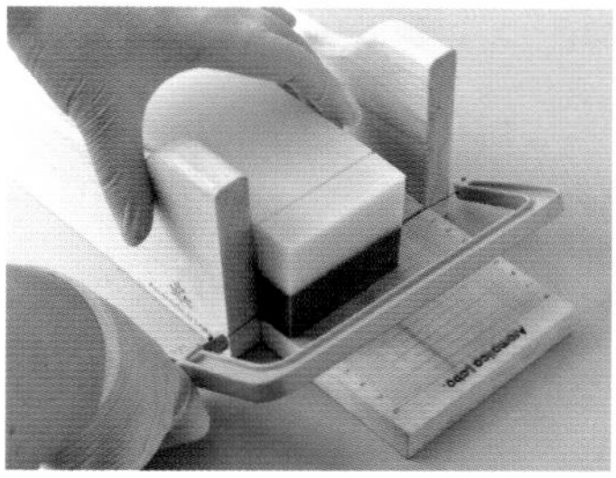

12 24時間以上保温したら、「基本の作り方」の6以降の手順に従い、カット→乾燥、熟成させる。

キメの整ったツヤ肌に

ヨクイニンソープ

How to make >>>p.38

栄養価が高くなめらかな洗い上がりのアボカド油に
肌のキメを整えるヨクイニン（ハトムギ）をプラス。
ゴージャスなマーブル模様が、洗うたびに
優雅に表情を変えていきます。

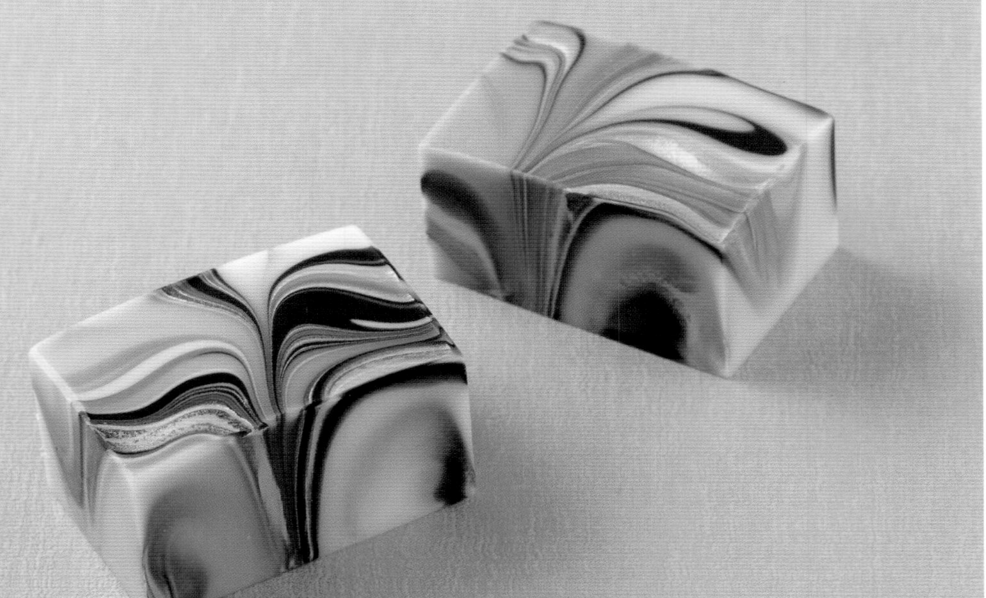

肌トラブルを防ぐ

アロエベラソープ

How to make >>>p.40

ニキビ、肌荒れに強い味方のアロエベラ。
そのエキスをたっぷりと配合した
自然派ソープです。ベースには、
ベビーソープにも使われる
杏仁油を使用します。

肌のザラつきを解消

きなこソープ

How to make >>>p.42

美容にうれしい大豆イソフラボンを成分に、
スクラブ効果を含んだきなこ。
洗い上がりすべすべの米ぬか油を合わせ、
つるんと透明感のある肌へ導きます。

ヨクイニンソープ［p.36］

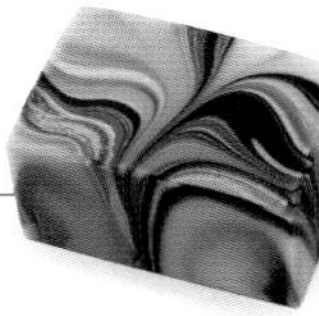

※精油は1種類でもOK。3g程度でも十分香ります。

［ 材料 ］

オイル
- アボカド油……180g
- パーム油……50g
- パーム核油……150g

精製水……100g
苛性ソーダ……52.7g

精油
- マジョラム……4g
- ベルガモット……1g

ヨクイニン……2g
a.竹炭……0.5g
b.酸化チタン……0.3g
c.ゴールドマイカ……1g

［ 必要な道具 ］
- p.12〜13で紹介した基本の道具一式
- 石けんの型（縦67×横260×高58mm）
- 6分割仕切り板
- 茶こし
- 紙コップ、プラカップ
- プラスチックスプーン（大、小）

生地を作り、色づけする

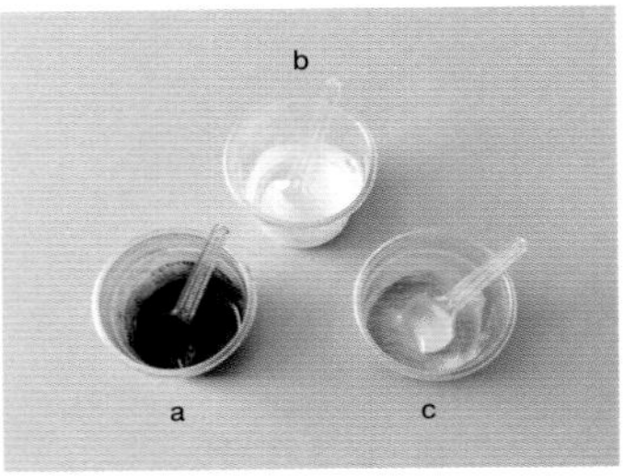

1 材料表にあるいずれかのオイル少量（分量外／常温で液体状のもの）でa.竹炭、b.酸化チタン、c.ゴールドマイカを溶く。

2 「基本の作り方」（p.16〜）の4－1までの手順に従いオイル、精油、苛性ソーダ水を合わせ、ヨクイニンをダマにならないように茶こしで振り入れながら混ぜる。

3 「基本の作り方」の4－2〜4の手順に従い、ゆるめのトレースを出す。

4 2つの紙コップに40gずつ生地を取る。それぞれにa.竹炭、b.酸化チタンを加えて混ぜ、黒と真白の生地を作る。

5 残りの生地を半量（約220g）ずつに分け、片方にa.竹炭を少量加えてグレーの生地を作る。

6 グレー、白、黒、真白の4色の生地ができた。ゴールドは1のまま。

型に流し、マーブル模様を描く

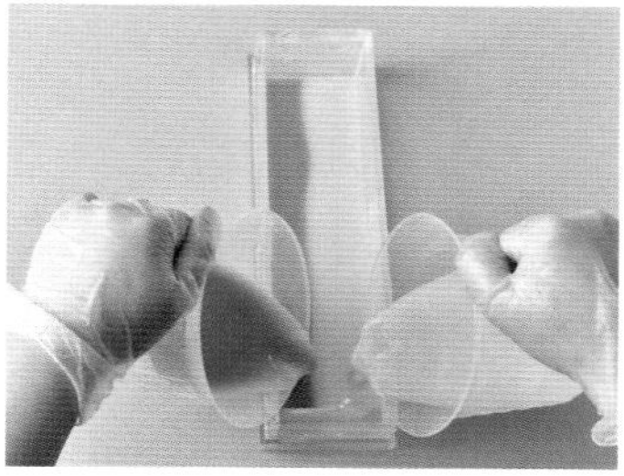

7 グレーと白の生地を型の両側から、上下に手を動かしながら同時に流し込む。

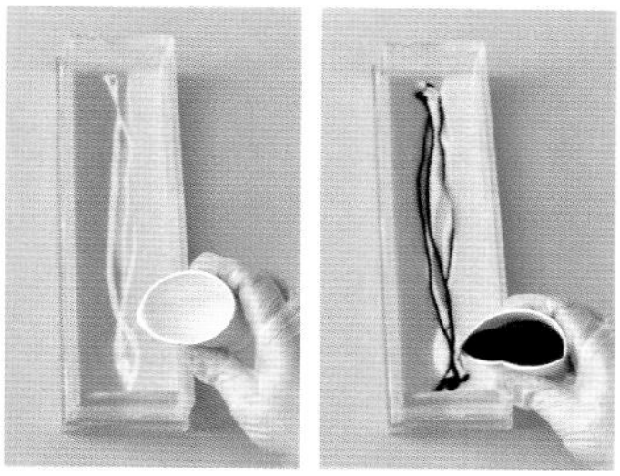

8 真白と黒の生地を 7 の中央に、縦にラインができるように流し込む。

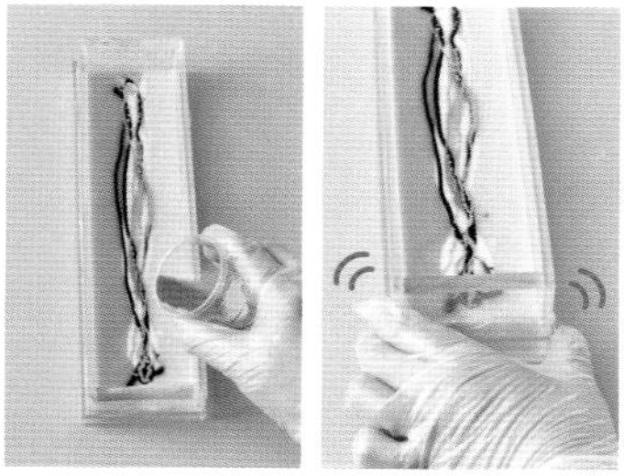

9 同じようにゴールドも縦にラインができるように流し込む。流し終えたら、型を軽くゆすり、全体をなじませる。

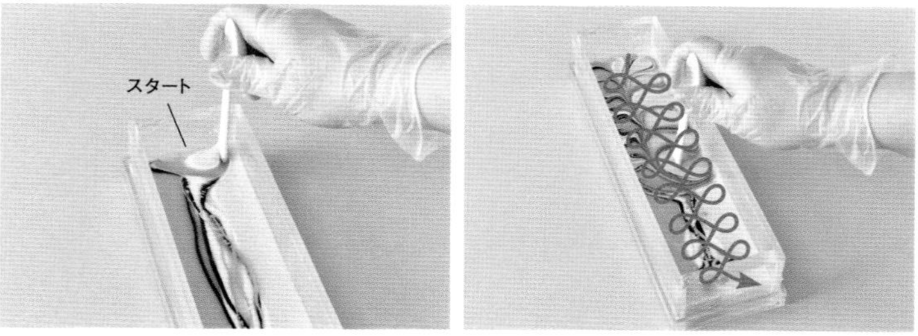

10 生地の上部中央にスプーンの柄を差し込み、下に向かって左右に円を描くようにくるくるとマーブル模様を描いていく。

POINT 動きを止めずに、同じ大きさの円を描いていくときれいに仕上がる。カーブの先端が型の側面に触れないように。

11 最後まで描けたらスプーンをそっと抜く。

仕切り板を入れる

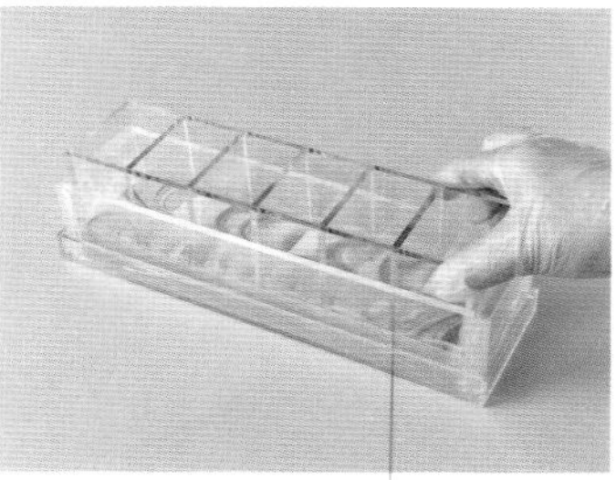

12 11 に仕切り板をゆっくりとはめ、「基本の作り方」の5－6 の手順に従い、保温する。

型から出す

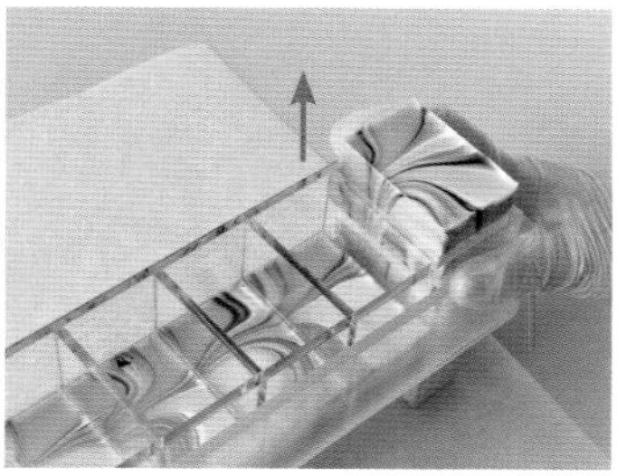

13 24時間以上保温したら、「基本の作り方」の6－1～3 の手順に従い、石けんを型から半分くらい出す。

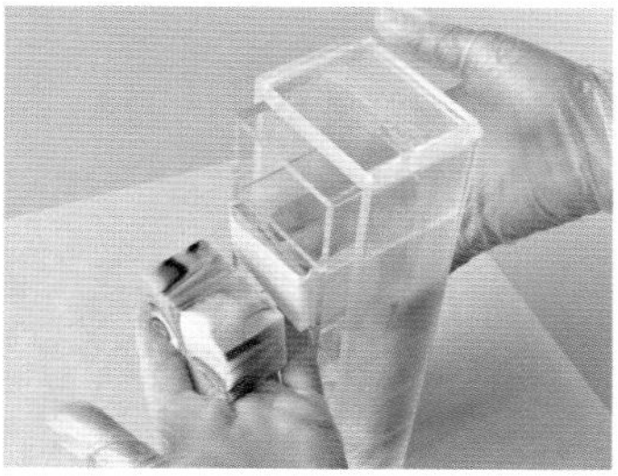

14 最後は型を立てて、石けんを押し出したら、「基本の作り方」の7以降の手順に従い、乾燥、熟成させる。

アロエベラソープ ［p.37］

※精油は3g程度でも十分香ります。

［材料］

オイル

杏仁油	100g
アボカド油	80g
パーム油	50g
パーム核油	150g
苛性ソーダ	52.5g
精油	
ローズウッド	5g
アロエジュース（アロエベラ150gで作る）	100g
竹炭	0.5g

［必要な道具］

- p.12〜13で紹介した基本の道具一式
- 石けんの型（縦45×横250×高85mm）
- 茶こし
- こし袋
- 紙コップ、プラカップ
- プラスチックスプーン（大、小）

アロエジュースを作る

1 アロエベラを150g用意する。皮はよく拭くか洗っておく。

2 サイコロ状にカットする。

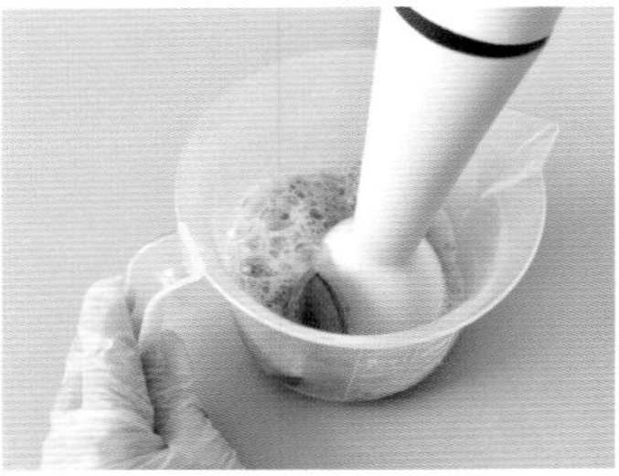

3 ブレンダーでくだいて液状にする。

4 ポリカップにこし袋をかぶせてはかりにのせ、3を流し入れる。

5 すべて流したら手でぎゅっとしぼり、アロエジュースを100g作る（これが精製水の代わりになる）。

生地を作る

6 アロエジュースに苛性ソーダを静かに加える。

⚠ このとき、精製水に苛性ソーダを加えるのと同様に温度が急上昇し、刺激のある蒸気が発生するので注意。

7 [6]を混ぜ合わせる。

POINT このとき、アクのようなものが浮いてくるが後でこすのでOK。

8 「基本の作り方」(p.16～)の2－[1]～3－[2]までの手順に従いオイルと精油を合わせ、[7]を茶こしでこしながら加えて混ぜ合わせる。

9 「基本の作り方」の4－[2]～[4]の手順に従い、トレースを出す。

色づけする

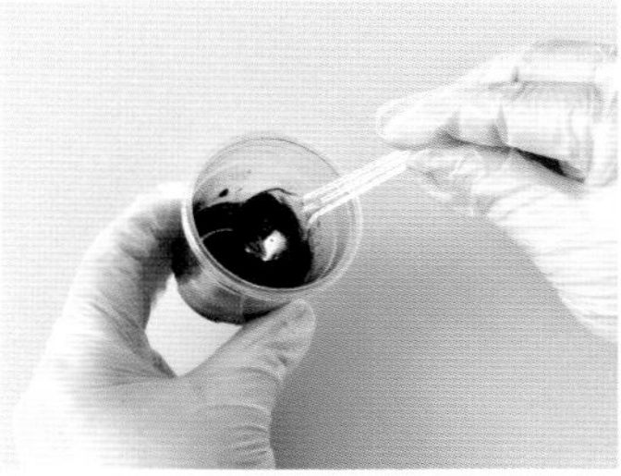

10 竹炭を材料表にあるいずれかのオイル少量（分量外／常温で液体状のもの）で溶く。

11 紙コップに生地を100g取り分ける。[10]を少量加えて混ぜ、グレーの生地を作る。

型に流す

12 型の下にタオルなどを挟んで斜めに傾け、グレーの生地を側面に伝わせながら流し込む。

13 同じように、残りのベースの生地を側面に伝わせながら流し込み、9割ほど流したらタオルを外す。

14 すべて流したら表面を平らにならし、「基本の作り方」の5－[6]の手順に従い、保温する。

型から出し、カットする

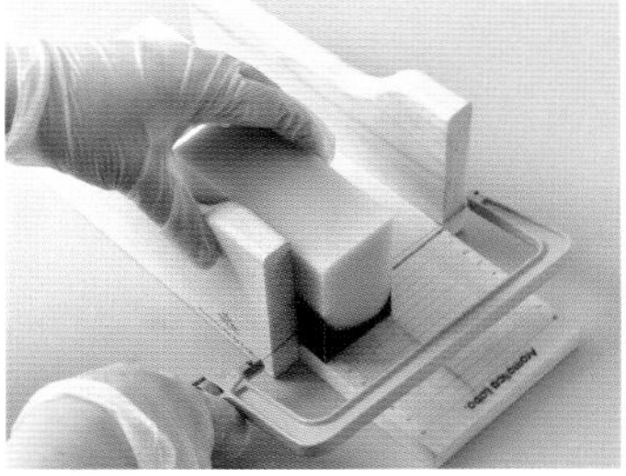

15 24時間以上保温したら、「基本の作り方」の6以降の手順に従い、カット→乾燥、熟成させる。

きなこソープ ［p.37］

※精油は1種類でもOK。3g程度でも十分香ります。

［ 材料 ］

オイル

米ぬか油	145g
オリーブ油	40g
ココナッツ油	115g
パーム油	80g
精製水	100g
苛性ソーダ	51.8g
精油	
シダーウッド	2g
ラベンダー	3g
きなこ	10g
ブラウンマイカ	適量

［ 必要な道具 ］

- p.12〜13で紹介した基本の道具一式
- 石けんの型（縦67×横260×高58mm）
- 茶こし
- 型押し用の口金など
- パウダー用のスプレー（茶こしで代用可能）

生地を作る

1 「基本の作り方」（p.16〜）の4－[1]までの手順に従い、オイル、精油、苛性ソーダ水を合わせる。

2 [1]にきなこを茶こしで加えながら混ぜる。

3 きなこのダマがなくなるまで、よく混ぜ合わせる。

4 「基本の作り方」の4－[2]〜[4]の手順に従い、トレースを出す。

型に流す

5 トレースが出たら型に生地を流し、表面を平らにならす。

模様をつける

6 口金の縁などを使い、表面に型押しをする。表面に軽く触れる程度でよい。

POINT 型押しの道具は、ある程度のかたさがあるものなら何でもOK。好きな形のものを使う。

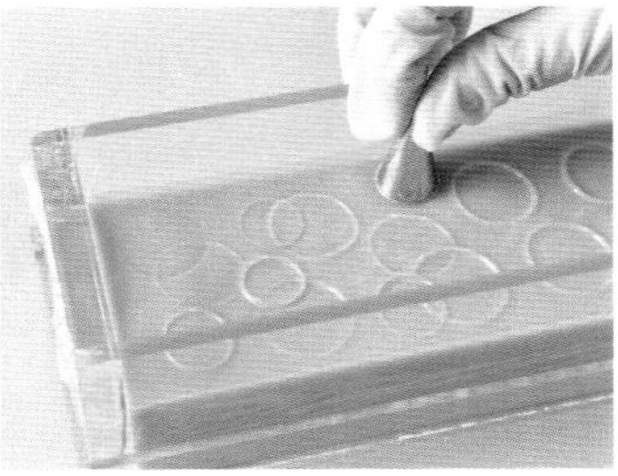

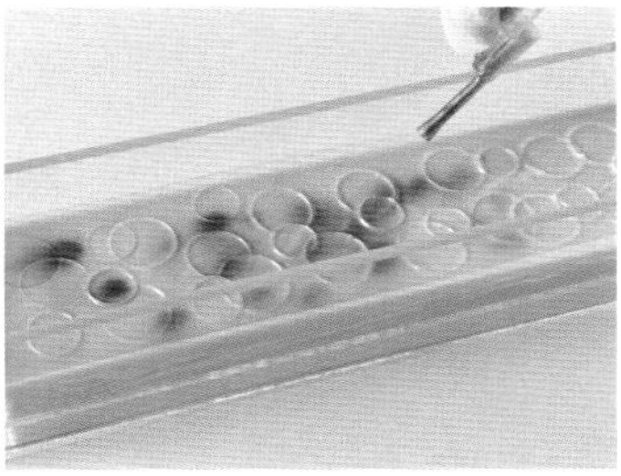

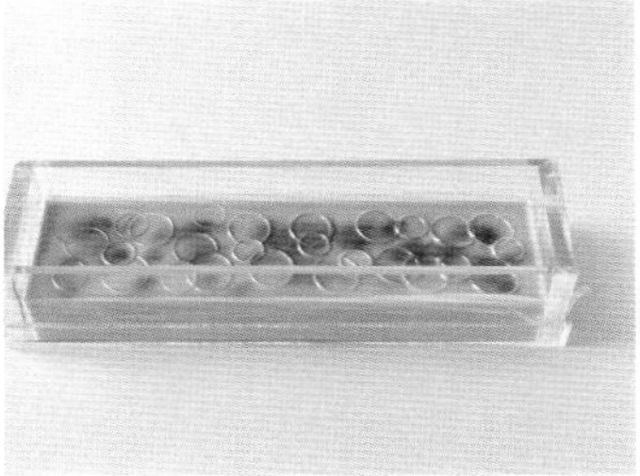

7 サイズの違う口金でさらに型押しをする。サイズ違いのものを使うと動きが出る。

8 石けんの表面に、パウダー用のスプレーでブラウンマイカを適量振りかける。

POINT 茶こしで振りかけ、ドライヤーでマイカを軽く飛ばしてもOK。

9 全面に振りかけたら、「基本の作り方」の5－6の手順に従い、保温する。

型から出し、カットする

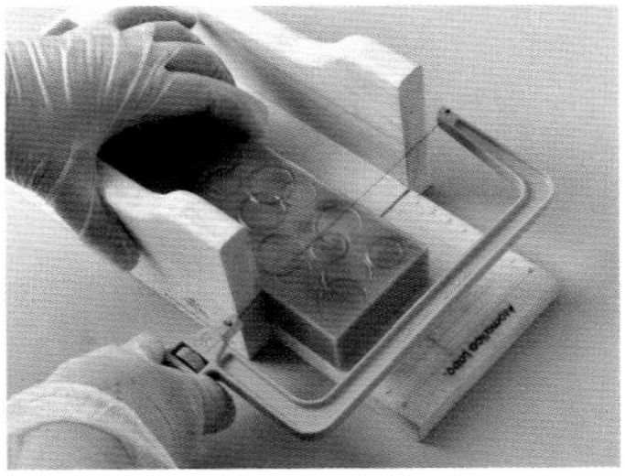

10 24時間以上保温したら、「基本の作り方」の6以降の手順に従い、カット→乾燥、熟成させる。

手作りCPソープ Q&A

Q.トレースがなかなか出ないときは？

A.生地の様子や温度を確かめてみて。

十分に混ぜたのになかなかトレースが出ない場合は、まず5分ほど放置してみましょう。再び生地を混ぜた際に生地が分離していなければ、型入れしてOKです。分離した場合は、生地の温度が40～45℃になるよう湯せんにかけて温め直し、もう4～5回ブレンダーをかけましょう。ブレンダーを使っていない場合は、もう10～20分混ぜてみて、生地をチェックします。なお、野菜を使った石けん（p.72）はトレースが出にくく感じるものもあります。

乾燥肌をしっとり保湿

アーモンドミルクソープ

How to make >>>p.46

保湿力の高いスイートアーモンド油に、
生のアーモンドで作ったミルクを加えた
しっとりソープです。白と茶色のゆるやかな層で、
落ち着いた雰囲気のデザインに。

もちもちのやわらか肌に

酒粕ソープ

How to make >>>p.48

美肌に効果的で、保湿成分たっぷりの酒粕。
しっとりもちもちで、やわらかな肌を保ちます。
バニラビーンズの甘い香りで、気分もリラックス。

アーモンドミルクソープ ［p.44］

［p.44］

※精油は1種類でもOK。3g程度でも十分香ります。

［ 材料 ］

オイル
- スイートアーモンド油……150g
- パーム油……100g
- パーム核油……100g
- 米ぬか油……15g
- ヒマシ油……15g

精製水……70g
苛性ソーダ……51.2g
精油
- パチュリ……0.5g
- ゼラニウム……2g
- オレンジ……2.5g

ココアパウダー……3g
アーモンドミルク……30g
（生アーモンド50g、精製水50gで作る）
＊市販のアーモンドミルクでもOK

［ 必要な道具 ］

- p.12〜13で紹介した基本の道具一式
- 石けんの型（縦72×横197×高80mm）
- こし袋
- 紙コップ、プラカップ
- プラスチックスプーン（大、小）
- プラスチックフォーク

アーモンドミルクを作る

1 生アーモンド50gを水200gに一晩浸し、アクを抜いておく。一晩浸したらアーモンドを水で洗い、精製水を50g加える。

2 ブレンダーをかけてペースト状にする。

3 ポリカップにこし袋をかぶせてはかりにのせ、2を入れる。

生地を作る

4 手でぎゅっとしぼり、アーモンドミルクを30g作る。残ったしぼりかすは、クッキングシートに並べて乾燥させておく。

5 ココアパウダーを材料表にあるいずれかのオイル少量（分量外／常温で液体状のもの）で溶く。

6 「基本の作り方」（p.16〜）の4−4までの手順に従い、石けん生地を作る。トレースはゆるめにする。

型に流す

7 6に4のアーモンドミルクを加えてよく混ぜ合わせ、生地をa.120g、b.80g、c.80g、d.240gに取り分ける。

⚠ トレースが進むので手早く作業すること。

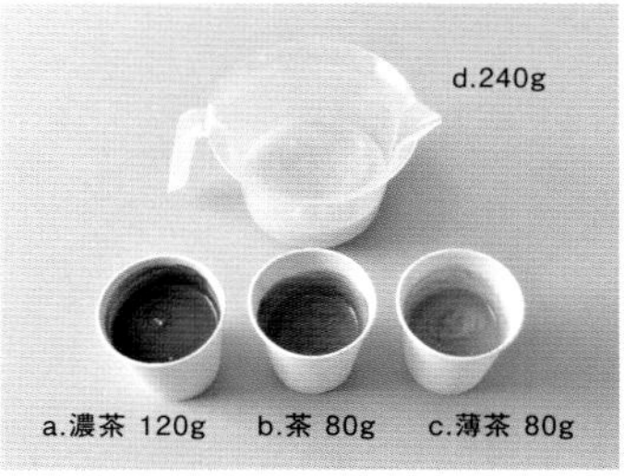

8 a→b→cの順に色が薄くなるように調整しながら5を加えて混ぜ、茶色の生地を3つ作る。dは色づけしない。

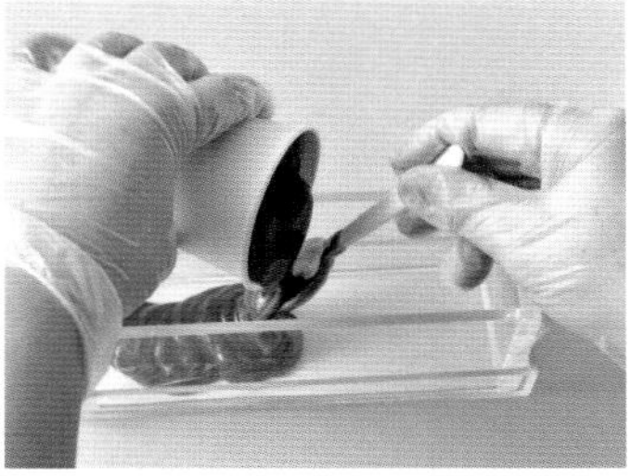

9 色の濃い順に型に流していく。まずa.濃茶を流し、流し終えたら型を軽く上下にトントンと作業台に落として生地を広げる。

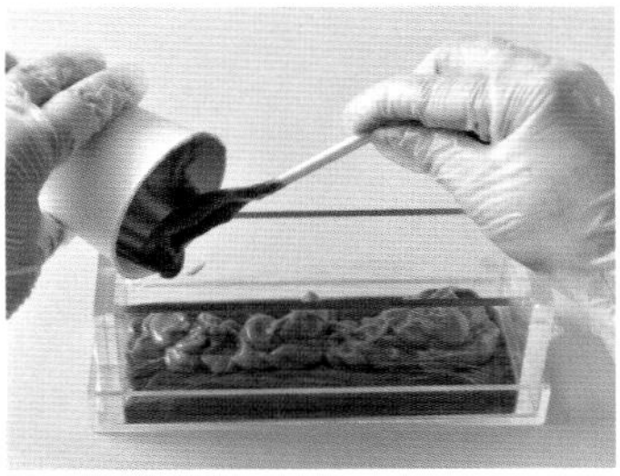

10 次にb.茶を流し、同じく型を上下にトントンと落とす。

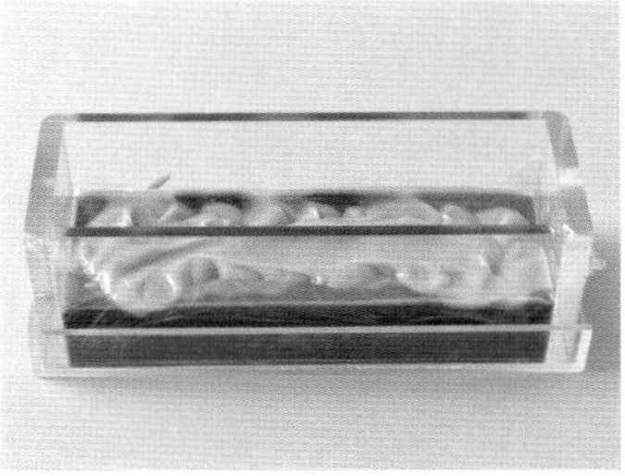

11 さらにc.薄茶を流し、同じく型を上下にトントンと落とす。

12 最後にdを流し、同じく型を上下にトントンと落とす。

型から出し、カットする

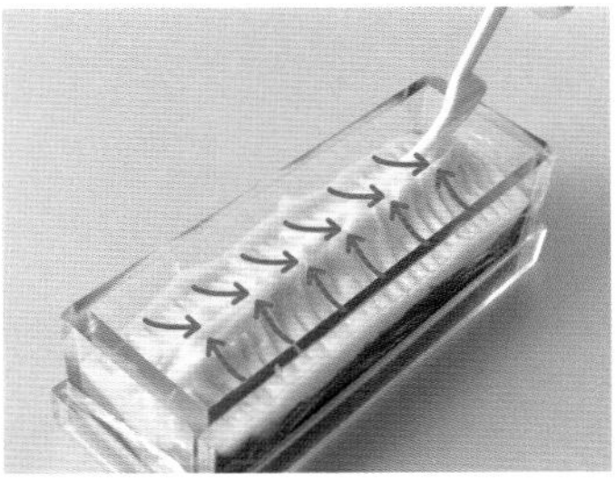

13 生地の表面をフォークで手前から中央に引き上げるようにして山を作り、トップに動きを出す。

14 4で乾燥させたアーモンドのしぼりかすを好みで一部に散らし、「基本の作り方」の5－6の手順に従い、保温する。

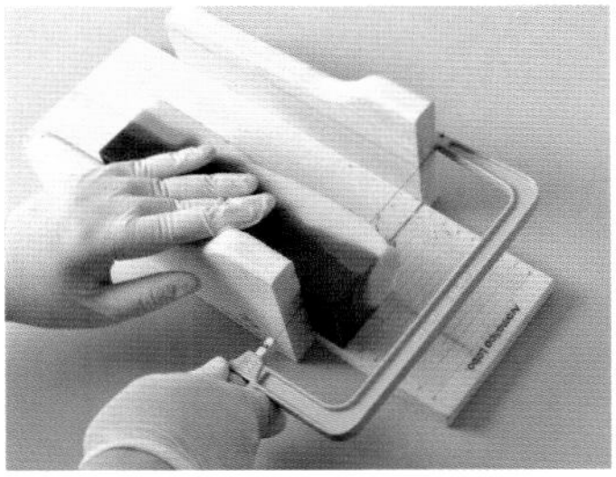

15 24時間以上保温したら、「基本の作り方」の6以降の手順に従い、カット→乾燥、熟成させる。

POINT アーモンドがのっている部分をカットするときは、寝かせて切ると、石けんに傷がつかない。

酒粕ソープ ［p.45］

［材料］

オイル

- オリーブ油……140g
- ココナッツ油……100g
- パーム油……40g
- パーム核油……80g
- スイートアーモンド油……20g

精製水……100g
苛性ソーダ……54.3g
酒粕……25g
（精製水20gでふやかす）
バニラビーンズ……½本

［必要な道具］

- p.12～13で紹介した基本の道具一式
- 石けんの型（縦72×横197×高80mm）
- 茶こし
- 紙コップ、プラカップ
- プラスチックスプーン（大）
- ピンセット

苛性ソーダ水を作る

1 「基本の作り方」（p.16～）の1－[4]までの手順に従い、苛性ソーダ水を作る。温度は30℃くらいまで冷ます。

酒粕をオイルに加える

2 酒粕25gに精製水20gを加える。

3 よく混ぜ合わせ、酒粕をふやかす。

4 紙コップに茶こしをのせ、[3]をスプーンでこす。

5 「基本の作り方」の2－[1]～[4]の手順に従いオイルを合わせ、[4]の酒粕を加える。

バニラビーンズの種をオイルに加える

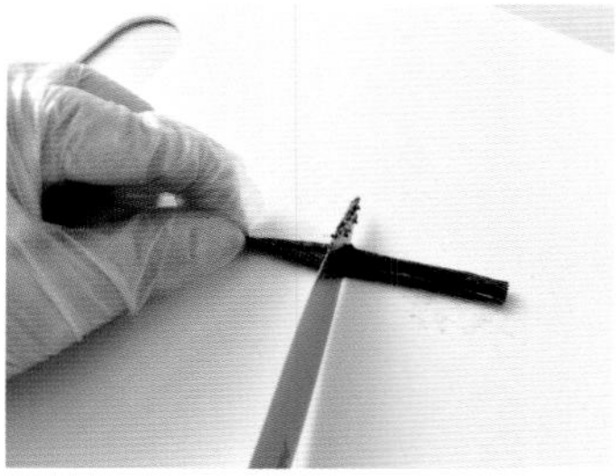

6 バニラビーンズ½本を用意し、縦に切れ目を入れて開く。

7 包丁の先を使って中の種をこそぎ取る。残ったさやは4等分にカットしておく。

8 [5]に[7]のバニラビーンズの種を加え、オイルの温度が25℃～30℃になっているか確認する。温度が高い場合は少し置いて冷ます。

生地を作る

9 苛性ソーダ水とオイルが30℃くらいになったら「基本の作り方」の4－[1]～[4]の手順に従い、水を入れたボウルに浸して30℃くらいの温度を保ちながら、しっかりめのトレースを出す。

型に流す

10 [9]をゴムベラですくいながら、型に流す（ボールから流し入れてもOK）。

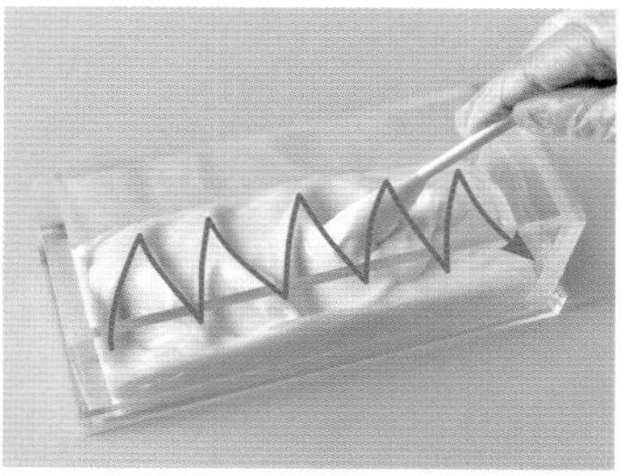

11 生地を全部入れたら、表面に波ができるようにゴムベラでならす。

バニラビーンズを飾る

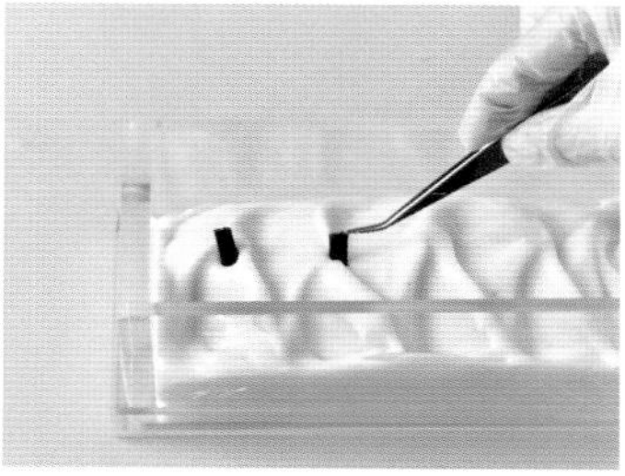

12 表面を整えたら、[7]でカットしたバニラビーンズのさやを飾る。

型から出し、カットする

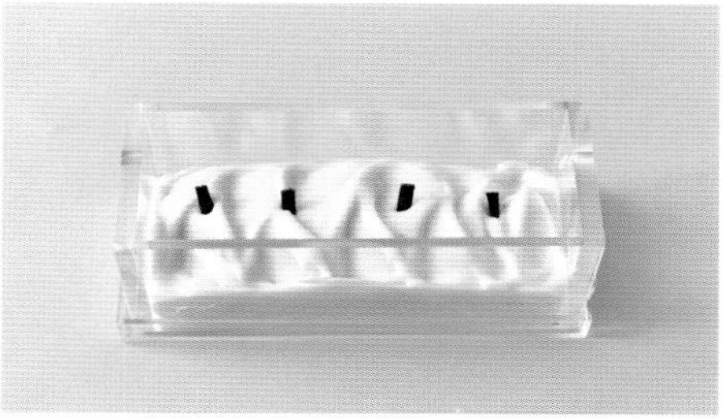

13 ラップをふんわりかけて型にふたをして（密閉しない）、冷蔵庫で24時間保存する。

POINT 石けんを白く仕上げるために、ここでは冷蔵保存をする（白く仕上げない場合は「基本の作り方」の保温方法でOK）。

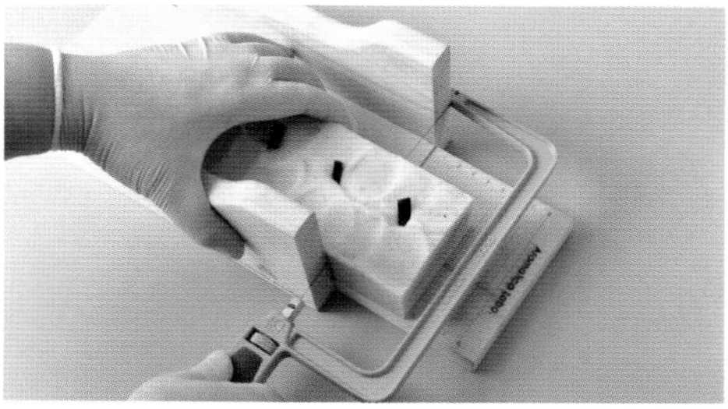

14 24時間以上冷蔵庫で保存したら、「基本の作り方」の6以降の手順に従い、カット→乾燥、熟成させる。

POINT 24時間以上経っても石けんがレアチーズケーキのようにやわらかい場合は、冷蔵庫から出しかたくなるまで数日間様子を見て、かたくなってからカットする。

頭皮を清潔に保つ

ローズマリーインフューズドオイルのシャンプーバー

血流を促すといわれるローズマリーの浸出油と、
洗浄力の高いオイルを合わせた石けんは、
シャンプーとしてもおすすめ。頭皮の健康を保ちつつ、
すっきりとしたハーブの香りが気持ちも豊かにしてくれます。
もちろん、顔や体にも使用でき、
ハーブソープのやさしい色合いと、使い心地が楽しめます。

※精油は1g程度でも十分香ります。

[材料]

オイル
- ローズマリーインフューズドオイル …… 90g
  （ハイオレイックひまわり油120g、ローズマリーハーブ9gで作る）
- ココナッツ油 …… 75g
- パーム油 …… 25g

精製水 …… 50g
苛性ソーダ …… 26.7g
精油
- ローズマリー（シネオールタイプ） …… 2.5g

酸化チタン …… 0.2g

[必要な道具]

- p.12〜13で紹介した基本の道具一式
- 石けんの型（縦67×横260×高58mm）
- IHクッキングヒーター（または卓上コンロ）
- ステンレスカップ
- こし袋
- 紙コップ
- プラスチックスプーン（大、小）

インフューズドオイルを作る

1 はかりにステンレスカップをのせ、ローズマリーハーブをはかる。カップは小さなステンレスボウルでもOK。

2 ハイオレイックひまわり油を加える。

3 IHクッキングヒーターまたはコンロを使って[2]を湯せんにかけ、オイルに色が出るまで30分ほど温める。

生地を作る

4 ポリカップにこし袋をかぶせてはかりにのせ、[3]を流す。温度が下がったら手でぎゅっとしぼり、オイルを抽出する。

5 「基本の作り方」(p.16～)の1－[1]～3－[2]の手順に従い、ココナッツ油、パーム油に[4]を加えて混ぜ、精油を加える。

6 「基本の作り方」の4－[1]～[4]の手順に従い苛性ソーダ水を加え、ゆるめのトレースを出す。

色づけする

7 酸化チタンを材料表にあるいずれかのオイル少量(分量外／常温で液体状のもの)で溶く。紙コップに90gほど[6]の生地を取り、酸化チタンを少量加えて軽く混ぜ、マーブル模様を作る。

8 続いて別のコップに[6]の生地を12g取り、オイルで溶いた酸化チタンを加えてしっかり混ぜ合わせる。さらに紙コップの側面を伝わせて[6]の生地を50g入れる。

型に流す

9 [6]の残りの生地を100gほど型に流す。

型から出し、カットする

10 マーブル模様をキープしたまま、7を生地全体に勢いよく流し込む。

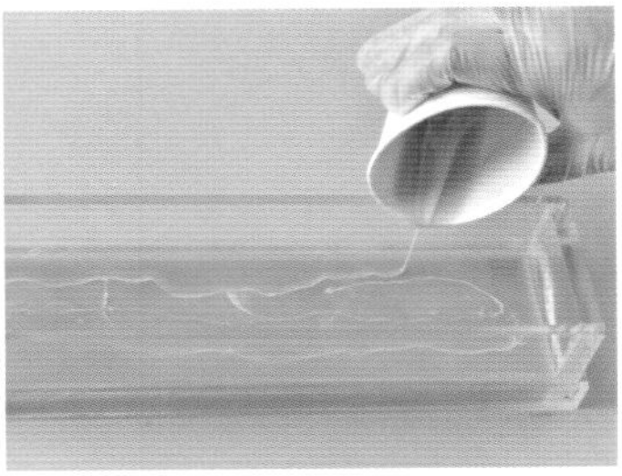

11 10の上にラインを引くように8を流して模様をデザインし、「基本の作り方」の5－6の手順に従い、保温する。

POINT 白のラインは好みに合わせて太さや本数を調整する。

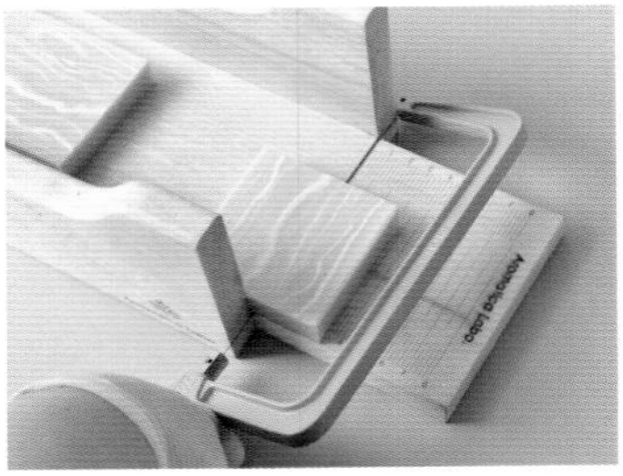

12 24時間以上保温したら、「基本の作り方」の6以降の手順に従い、カット→乾燥、熟成させる。

•Arrange•

ハーブを変えて、色をチェンジ

インフューズドオイルに使うハーブを変えると、カラーバリエーションを楽しめます。いろいろなハーブで、やさしい色合いに癒されてみては。

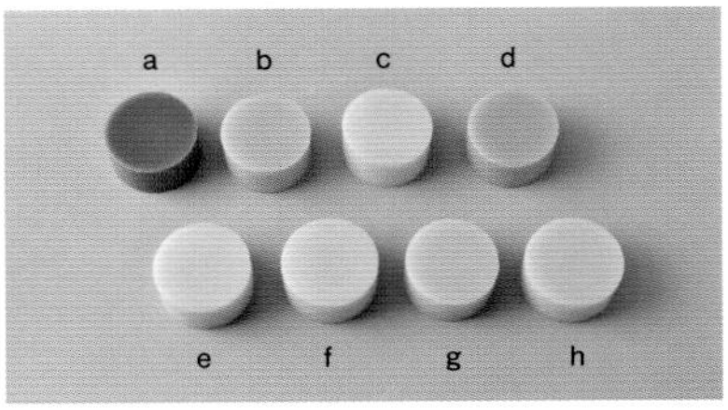

a. 紫根	肌荒れ、保湿、頭皮のフケ、かゆみ
b. ネトル	ニキビ、肌荒れ、頭皮のフケ、ベタつき
c. ローズヒップ	保湿、肌のひきしめ、髪のうるおい
d ペパーミント	殺菌、デオドラント、爽快感
e. ローズ	美容効果（肌質を選ばない）、保湿
f. カレンデュラ	肌のかゆみ、髪のダメージ補修
g. 月桃	うるおい、皮脂バランス、美髪
h. ジャーマンカモミール	かゆみ、頭皮の血行促進

第 3 章

心がやすらぐ
アレンジCPソープ

CPソープのなめらかな泡立ちややさしい香りは、
疲れを癒したり、気持ちを落ち着かせたりと、
心にもよい効果を与えてくれます。
石けんで、お肌も心も元気にリフレッシュ！

健やかな眠りに導く

ボタニカルソープ

How to make >>>p.56

リラックス効果が高いラベンダー精油を配合した
バスタイムにぴったりな石けんです。
やわらかな泡とフローラルな香りに包まれ、
心地よい眠りに導いてくれます。

イライラをしずめる

カミツレソープ

How to make >>>p.57

怒りや緊張を緩和してくれる
りんごのような香りのカミツレのドライハーブを使用。
オレンジ精油などのフルーティーな香りを
さらにプラスし、心穏やかな時間をお届けします。

ボタニカルソープ ［ p.54 ］

※精油は3g程度でも十分香ります。

［ 材料 ］

オイル
- オリーブ油 …… 100g
- ココナッツ油 …… 120g
- パーム核油 …… 120g
- スイートアーモンド油 …… 10g
- ツバキ油 …… 30g

精製水 …… 100g
苛性ソーダ …… 56.3g
精油
- ラベンダー …… 5g

a.酸化クロム …… 1g
b.ウルトラマリンブルー …… 0.5g
c.竹炭 …… 1g

［ 必要な道具 ］

- p.12〜13で紹介した基本の道具一式
- 石けんの型（楕円のシリコンモールド）
- プラカップ、紙コップ
- プラスチックスプーン（小）

生地を作り、色づけする

1 a.酸化クロム、b. ウルトラマリンブルー、c.竹炭を材料表にあるいずれかのオイル少量（分量外／常温で液体状のもの）で溶く。

2 「基本の作り方」(p.16〜)の4－4までの手順に従い、石けん生地を作る。

3 2の生地を3つのカップに10gほど取り分け、緑、青、濃緑の生地を作る。緑はa＋b、青はb、濃緑はa＋b＋cで色づけする。

型に流す

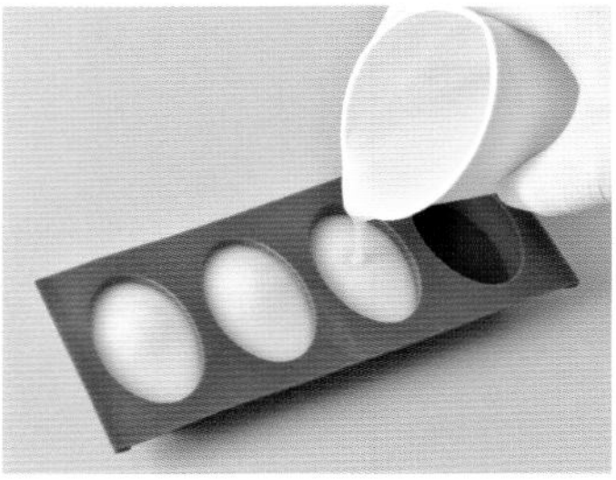

4 シリコン製の型に2の残りの生地を流し込む。

オリーブの絵を描く

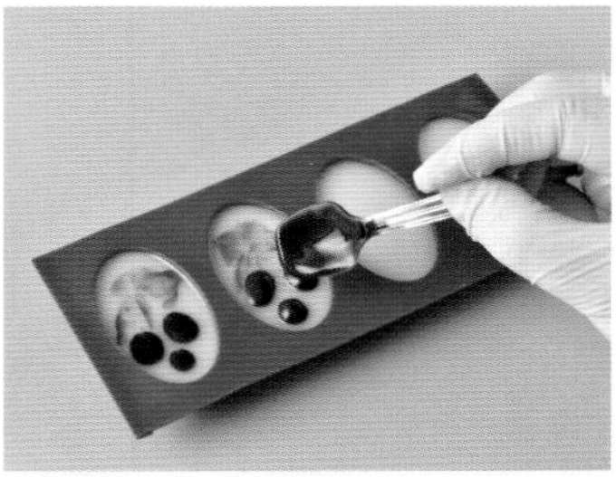

5 3の緑と青でオリーブの葉、濃緑でオリーブの実を描く。「基本の作り方」の5－6以降の手順に従い、保温→型出し→乾燥、熟成させる。

•Arrange•

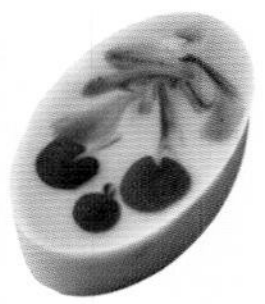

ベースの生地に酸化クロムとウルトラマリンブルーを少し混ぜると、やわらかい緑色に。

カミツレソープ［p.55］

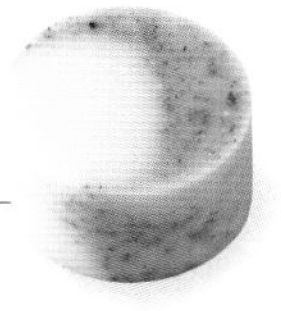

※精油は1種類でもOK。3g程度でも十分香ります。

［材料］

オイル

- オリーブ油……120g
- ココナッツ油……120g
- パーム核油……100g
- シアバター……20g
- 米ぬか油……20g

精製水……100g

苛性ソーダ……55.4g

精油

- オレンジ……3g
- ベルガモット……2g

ジャーマンカモミール……5g

レッドパーム油（色づけ用）……4g

［必要な道具］

- p.12～13で紹介した基本の道具一式
- 石けんの型（丸型:直径60×高50mm）

生地を作る

1 「基本の作り方」（p.16～）の4－[4]までの手順に従い石けん生地を作る。トレースはゆるめにする。

カミツレの生地を作る

2 生地を半量（約260g）取り分け、ジャーマンカモミールのドライハーブとレッドパーム油を加える。残りの生地はポリカップに移し入れておく。

3 [2]にブレンダーをかけ、ドライハーブを細かくして、生地とのなじみをよくする。

型に流す

4 [3]とポリカップに入れた残りの生地を型の両サイドから流し入れる。流し入れる量を変えて、動きを出してもよい。

5 「基本の作り方」の5－[6]以降の手順に従い、保温→型出し→乾燥、熟成させる。

オレンジカラーで元気に

みつろうソープ

つるりとした手触りで
泡立ちが心地よいみつろうと、
傷んだお肌の回復を助ける
レッドパーム油を合わせた
弾けるオレンジカラーの石けん。
不安をやわらげる柑橘系の香りも加えます。

※精油は1種類でもOK。3g程度でも十分香ります。

［ 材料 ］

オイル
- オリーブ油 ………… 130g
- ココナッツ油 ……… 110g
- パーム核油 ………… 55g
- レッドパーム油 …… 55g
- ヒマシ油 …………… 20g
- みつろう …………… 4g

精製水 …………………… 123g
苛性ソーダ ……………… 52.7g
精油
- リツエアクベバ ……… 2g
- ベルガモット ………… 2g
- プチグレン …………… 1g

［ 必要な道具 ］

- p.12〜13で紹介した基本の道具一式
- 石けんの型（丸型:直径60×高50mm）
- IHクッキングヒーター（あれば）
- 紙コップ
- プラスチックスプーン（大）
- スタンプ

生地を作る

1 「基本の作り方」（p.16〜）の1－[4]までの手順に従い、苛性ソーダ水を作る。苛性ソーダ水の温度は55〜60℃にする。

2 「基本の作り方」の2－[1]〜[4]の手順に従いオイルを合わせ、みつろうを加える。

3 IHクッキングヒーター（または湯せん）を使って[2]を60℃以上に加熱し、みつろうを溶かす。みつろうが溶けたら精油を加える。

型に流す

4 [3]が55〜60℃に下がったら苛性ソーダ水を加え、「基本の作り方」の4－[1]〜[4]の手順に従いトレースを出す。

5 トレースが出たら、型に流す。

6 スプーンで表面を平らにならし、「基本の作り方」の5－[6]以降の手順に従い、保温する。

型から出し、スタンプを押す

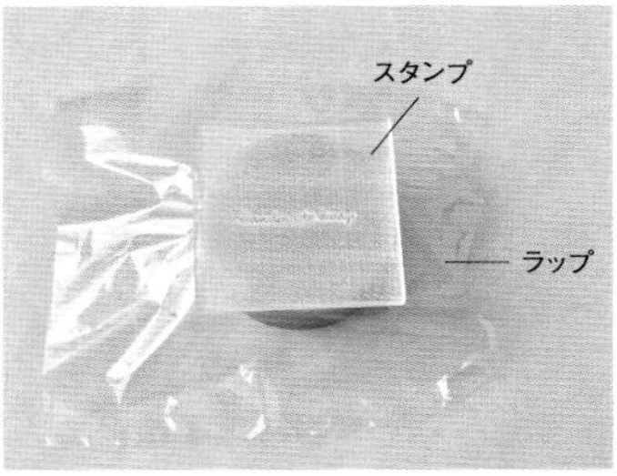

7 24時間以上保温したら型から出し、表面が乾いたらラップを被せて好みのスタンプをのせる。

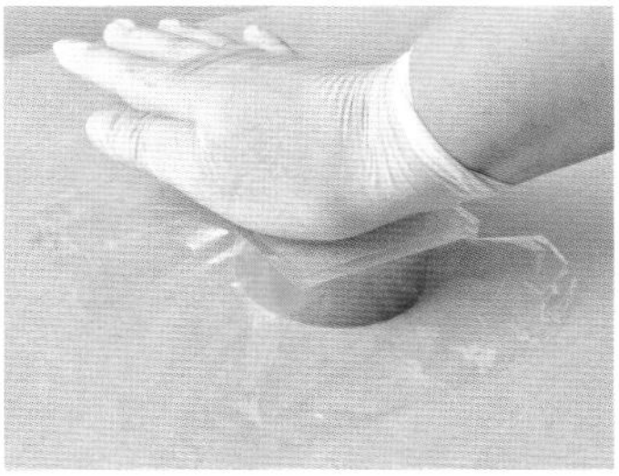

8 手のひらを使って均等に力を加えてスタンプを押す。力を入れすぎると文字や形がつぶれてしまうので注意する。

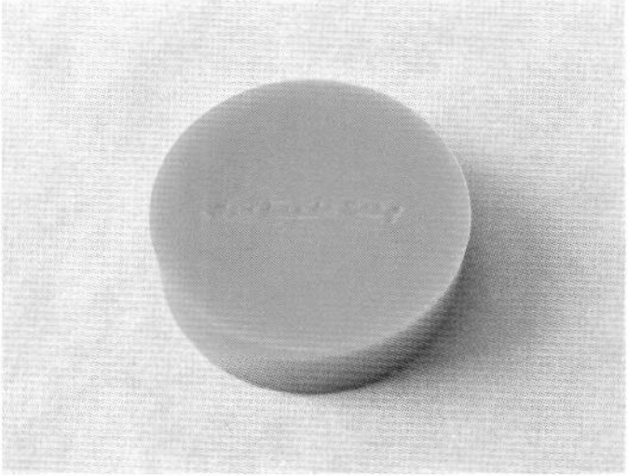

9 スタンプが押せたら、「基本の作り方」の7以降の手順に従い、乾燥、熟成させる。

清涼感でリフレッシュ

ハッカソープ

ペパーミント（ハッカ）ティーを加えた、
清涼感あるソープです。
すっきりとした爽やかな香りと
泡立ちのよいオイルが生むもこもこ泡で、
身も心もリフレッシュ。

※精油は3g程度でも十分香ります。

［ 材料 ］

オイル

- ハイオレイックひまわり油 …… 115g
- ココナッツ油 …… 120g
- パーム核油 …… 100g
- 米ぬか油 …… 45g

苛性ソーダ …… 55.4g

精油

- ペパーミント …… 5g

ドライペパーミントティー …… 100g
（ドライペパーミント5g、精製水150gで作る）

ドライペパーミント（混ぜ込み用） …… 5g

［ 必要な道具 ］

- p.12〜13で紹介した基本の道具一式
- 石けんの型（丸型：直径55×高200mm）
- ステンレスカップ
- こし袋
- 紙コップ

ペパーミントティーを作る

1 ペパーミント5gを精製水150gで煮出してペパーミントティーを作り、冷ましたらポリカップにこし袋をかぶせてはかりにのせ、流し入れる。

2 手でぎゅっとしぼり、ペパーミントティーを100g作る（これが精製水の代わりになる）。

生地を作る

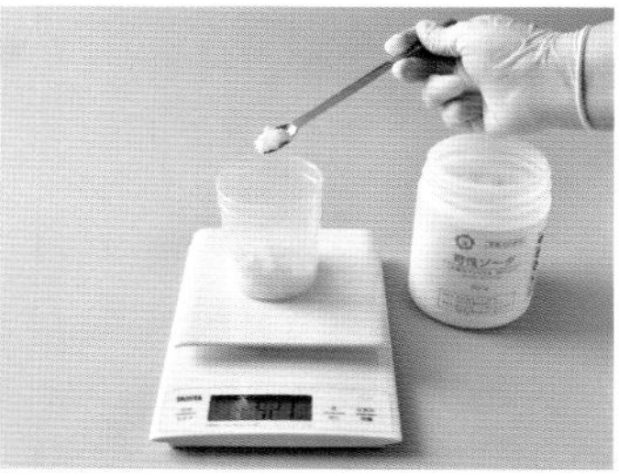

3 「基本の作り方」（p.16〜）の1−[4]までの手順の従い、苛性ソーダ水を作る。このとき、精製水の代わりに[2]を使用し、苛性ソーダをペパーミントティーの中に入れて溶かす。

4 「基本の作り方」の2−[1]〜4−[4]の手順に従いオイル、精油、苛性ソーダ水を合わせ、トレースを出す。

5 トレースが出たらドライペパーミントを加え、生地に混ぜ込む。

型に流す

6 型を斜めに傾けて、側面を伝わせて[5]の生地を流し込む。型を傾けることで、生地に気泡を巻き込みにくくする。

7 最後は型を立てて流し込む。「基本の作り方」の5−[6]の手順に従い、保温する。

型から出し、カットする

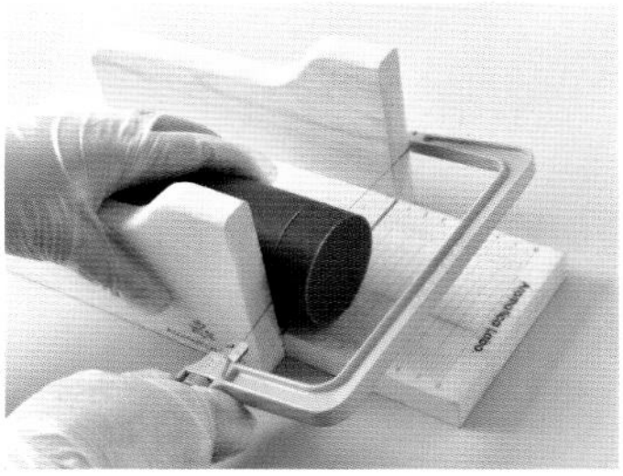

8 24時間以上保温したら、「基本の作り方」の6以降の手順に従い、カット→乾燥、熟成させる。

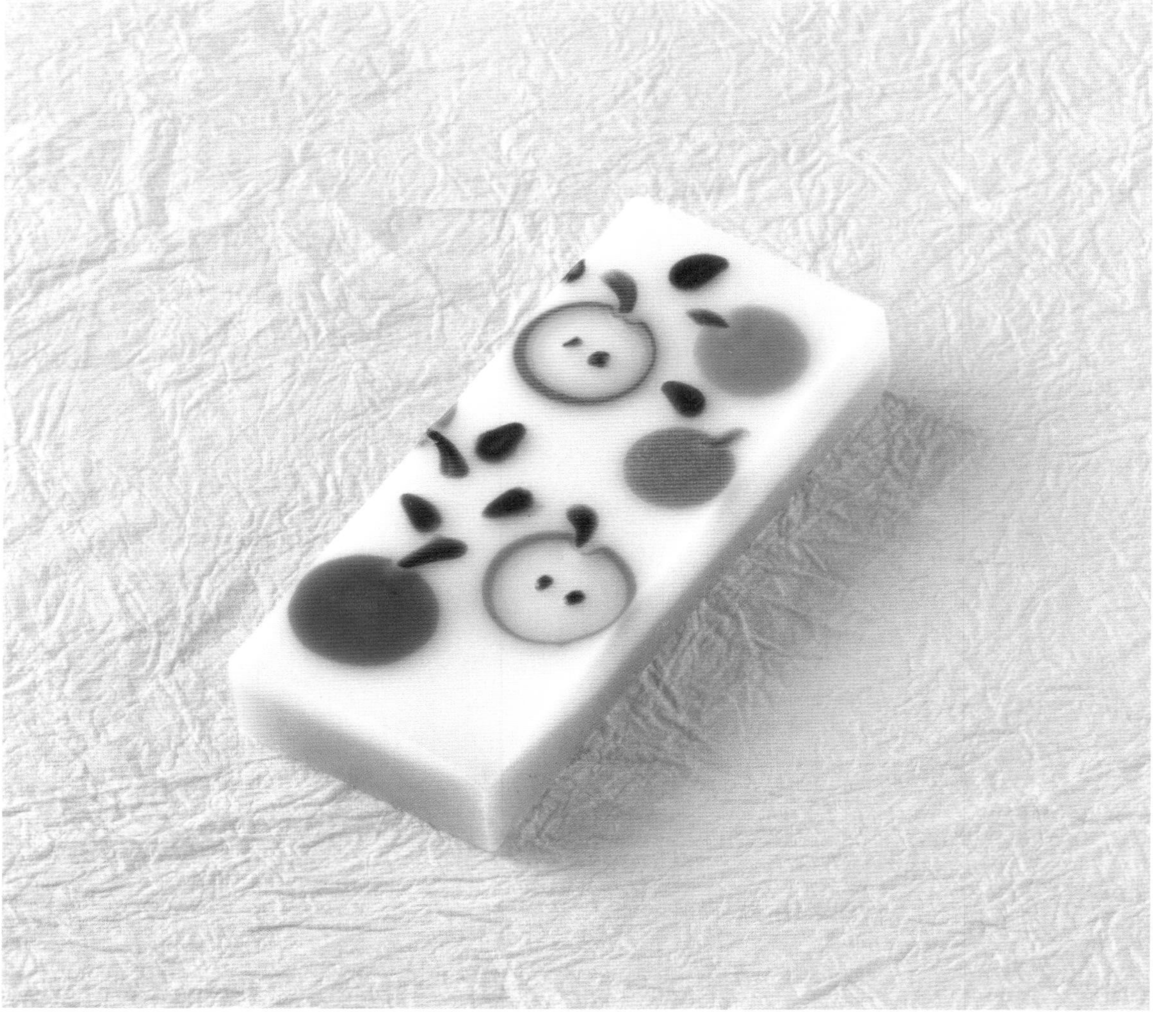

心落ち着くやさしい香り

りんごソープ

How to make >>>p.64

りんご果汁入りで、
リラックス効果たっぷりの泡立ちのよい石けんです。
やさしく甘い香りをまとったりんごのデザインは、
見ているだけでもホッとしませんか？

疲れを癒す不思議な触感

ぷるぷるソープ

How to make >>>p.66

リキッドソープを丸くかためたぷるぷるソープ。
その名の通り、ぷるぷるとした不思議な触感と
さっぱりとした洗い心地が、
日々の疲れを癒してくれます。

りんごソープ

[p.62]

※精油は1種類でもOK。3g程度でも十分香ります。

[材料]

オイル
- スイートアーモンド油……40g
- ココナッツ油……60g
- パーム核油……60g
- ツバキ油……30g

精製水……50g
苛性ソーダ……28.2g
精油
- カモミールローマン……2g
- オレンジ……1g

a.赤（顔料）……0.5g
b.水酸化クロム……0.3g
c.酸化鉄ブラウン……0.3g
d.酸化クロム……0.5g
e.竹炭……0.2g
りんごジュース……15g
（りんご30gで作る）

[必要な道具]

- p.12～13で紹介した基本の道具一式
- 石けんの型（縦67×横260×高58mm）
- プラカップ、紙コップ
- こし袋
- プラスチックスプーン（大、小）
- 竹串
- スポイト

りんご果汁を作る

1 りんご30gをブレンダーにかけてペースト状にし、こし袋に入れる。

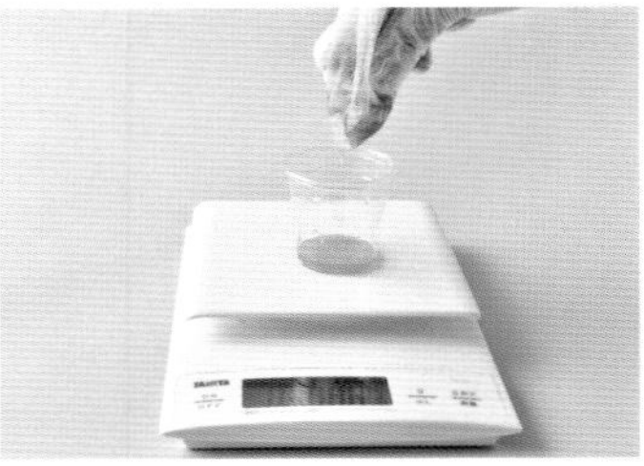

2 はかりにカップをのせ、[1]を手でぎゅっとしぼり、りんごジュースを15g作る。

生地を作る

3 「基本の作り方」（p.16～）の4－[4]までの手順に従い、石けん生地を作る。トレースはゆるめにする。

りんごの生地を作り、型に流す

4 [3]を紙コップに80g取り分け、[2]を加えてよく混ぜ合わせる。

5 [4]を型に流し込む。

色づけする

6 a.赤、b.水酸化クロム、c.酸化鉄ブラウン、d.酸化クロム、e.竹炭を材料表にあるいずれかのオイル少量（分量外／常温で液体状のもの）で溶く。

残りの生地を型に流す

りんごの絵を描く

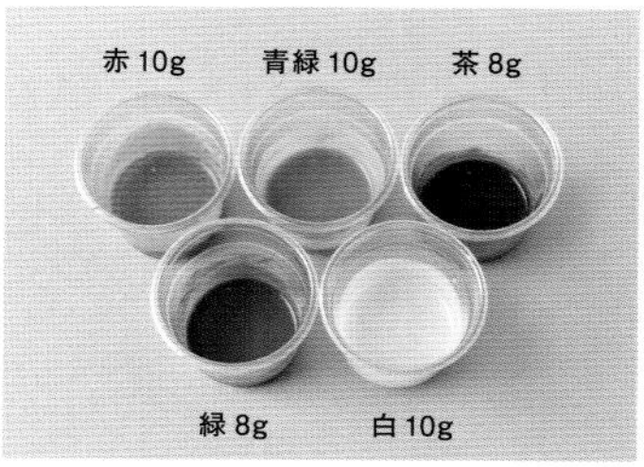

7 [3]の生地を10g×3つ、8g×2つに取り分け、赤、青緑、茶、緑の生地を作る。赤はa、青緑はb、茶はc+e、緑はdで色づけする。白は色づけしない。

8 [5]の上に残りの[3]の生地を流す。下の層に生地がしずまないよう、スプーンなどで押さえながら少しずつ流すとよい。

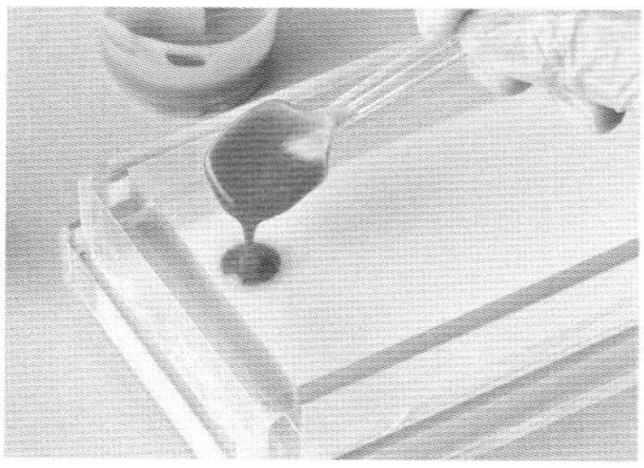

9 生地の表面をスプーンで平らにならしたら、[7]の赤色の生地を丸く垂らし、りんごの実を描く。

POINT 生地がぷっくりしてしまう場合は、型を作業台にトントンと落として平らにならす。

10 枝を描く。竹串の先に茶色の生地をつけ、上から下にスッと線を引くようにして描く。

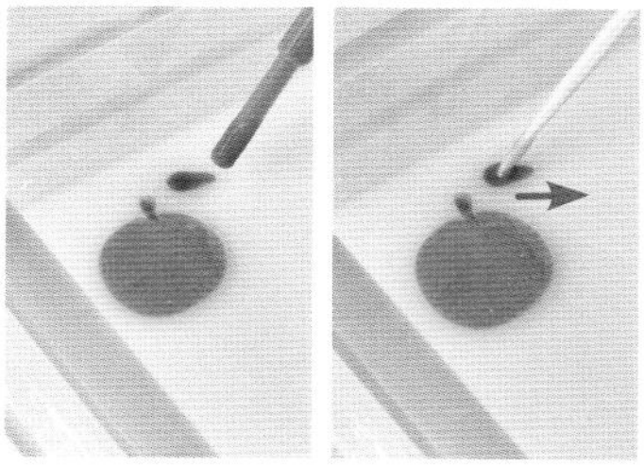

11 葉っぱを描く。スポイトで緑色の生地を先細りになるように垂らし、竹串を使い、その中心に青緑色で葉脈を描く。

12 青りんごを描く。赤りんごと同じ要領で、青緑色の生地を丸く垂らす。

POINT このあとさらに生地を重ねるので、丸のサイズは小さめにする（生地を重ねると自然と生地が広がる）。

型から出し、カットする

13 青りんごの絵の上に白い生地を重ねるように垂らして断面を描き、型を作業台にトントンと落として表面を平らにする。

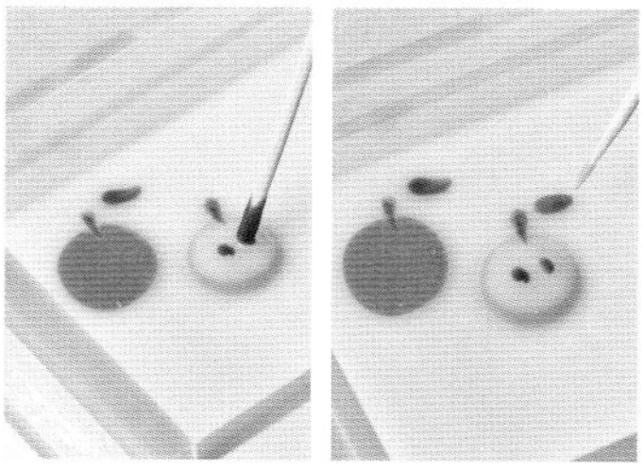

14 [10]と同じ要領で枝を描き、続いて種と葉っぱを描く。全面に描けたら、「基本の作り方」の5－[6]の手順に従い、保温する。

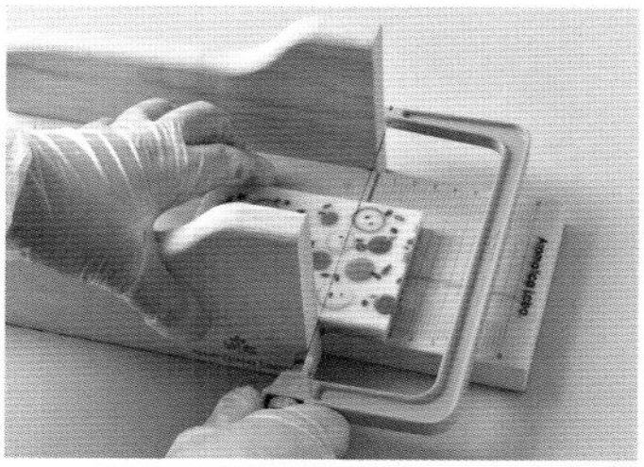

15 24時間以上保温したら、「基本の作り方」の6以降の手順に従い、カット→乾燥、熟成させる。

ぷるぷるソープ [p.63]

※精油は1種類でもOK。3g程度でも十分香ります。

[材料]

◆リキッドソープの素

オイル
- 米ぬか油……115g
- ココナッツ油……120g
- ヒマシ油……100g

精製水……87g
苛性ソーダ……45.3g

精油
- ラベンダー……1滴
- ベルガモット……1滴

精製水（石けんを溶かす用）……65g
タマリンドウ……4.5g
グリセリン……25g
石けん用リキッドカラー……適量

[必要な道具]

- p.12～13で紹介した基本の道具一式
- 石けんの型（縦67×横130×高58mm）
- 使い捨ての型（縦65×横125×高60mm）
- ステンレスカップ
- フライパン
- IHクッキングヒーター（または卓上コンロ）
- プラスチックスプーン（大、小）
- プラカップ
- はさみ
- 注入器
- ぷるぷるソープのキット（ゴム容器、留め具、留めスタンド）

生地を作る

1 グリセリンにタマリンドウを加え、混ぜ合わせる。

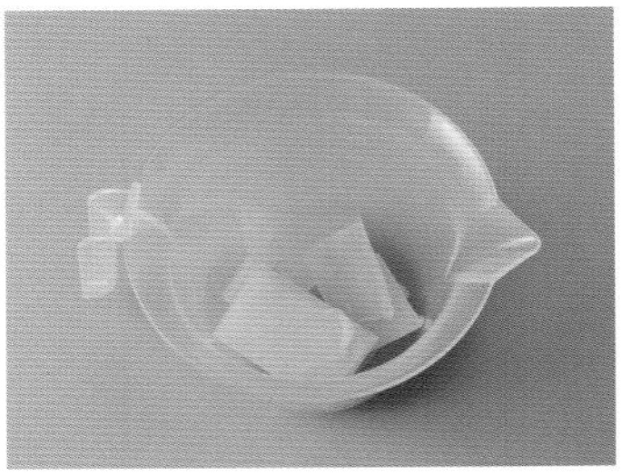

2 リキッドソープの素をp.102の要領で作り、15g用意する。

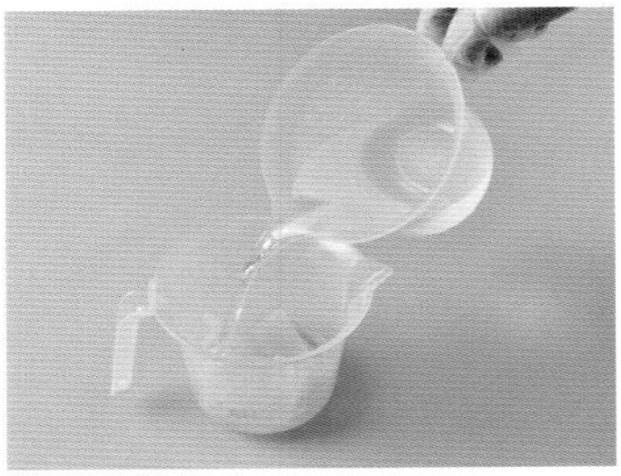

3 [2]を精製水65gで溶かす。

4 [3]をステンレスカップに入れて湯せんにかける。70～75℃に温まったら精油を加え、[1]を入れる。

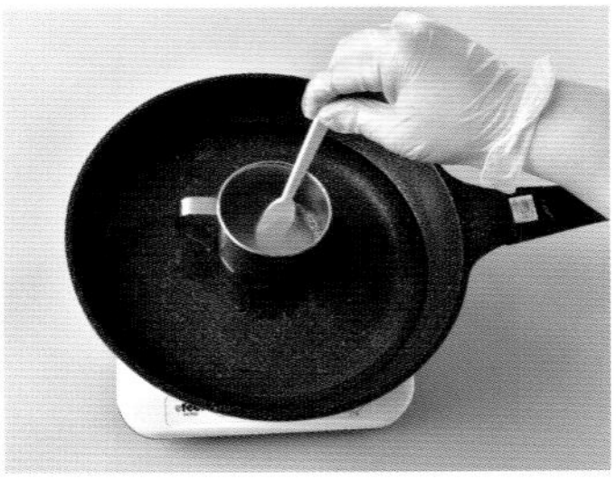

5 混ぜながら溶かし、70℃以上になるまで温める。

色づけする

6 [5]が70℃以上になったら湯せんからおろし、好みの色の石けん用リキッドカラーを適量加えて色づけする。

⚠ 湯せんからおろす際は、火傷に注意。

ゴム容器に入れる

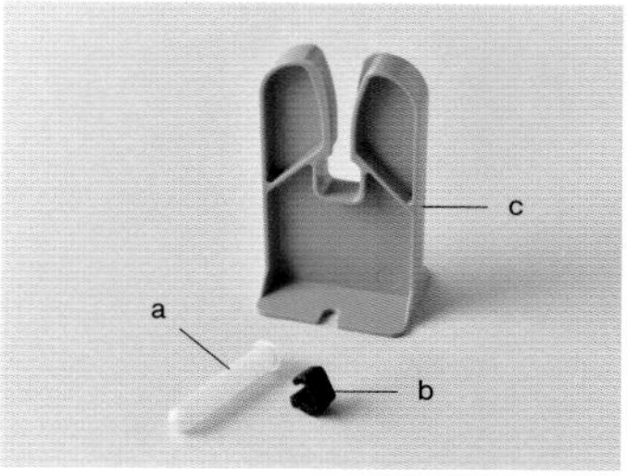

7 a.ゴム容器、b.留め具、c.留めスタンドを用意する。

8 [6]の生地の温度が火傷しない程度まで下がったら、注入器で40gほど吸い込む。

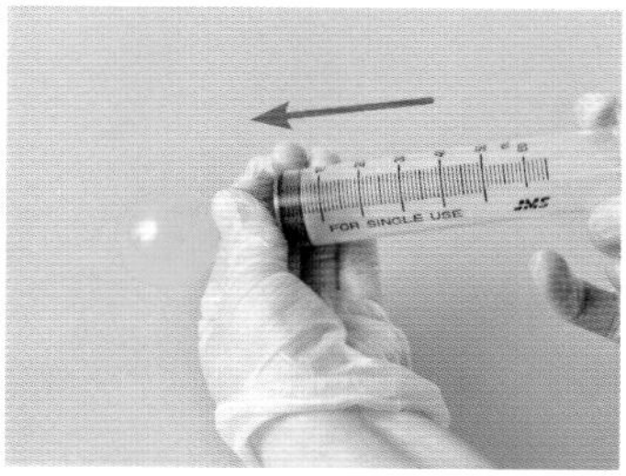

9 注入器の先にゴム容器をはめ、生地を注入する。

⚠ ゴム容器は奥まではめると破れる可能性があるので、先端を5mmほどあけておく。

10 注入後、気泡が入っていたら指でたたいてゴム容器の口のほうに集め、口を押さえている指の力をゆるめて空気を抜いてから、ゴムの口をグルっとねじる。

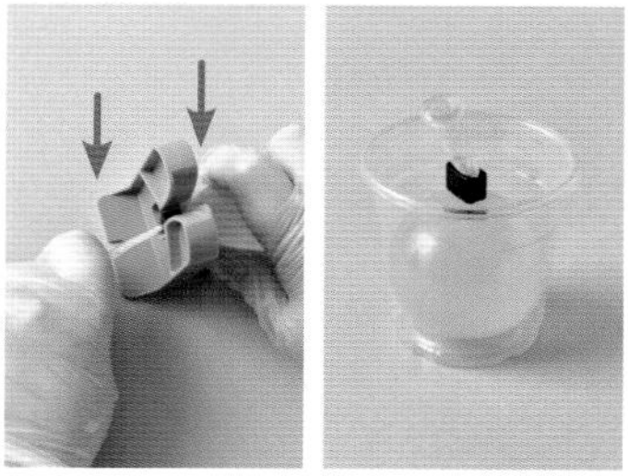

11 スタンドに留め具をセットし、留め具の間にねじったゴムを通し、カチンと音がするまで容器ごと下げて口を閉じる。口を上にした状態で2〜3日かためる。

型から出す

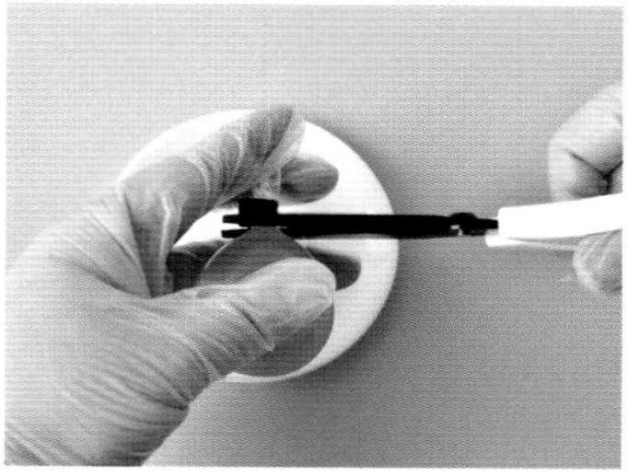

12 2〜3日経ったらはさみで口を切る。

13 型から取り出して、完成。

•Arrange•

お菓子のカップを容器に

ゴム容器がない場合は、和菓子やゼリーのカップを型に使用してもOK。生地を注ぐと表面に膜ができるので、取り除いてからかためるとフラットにきれいに仕上がります。

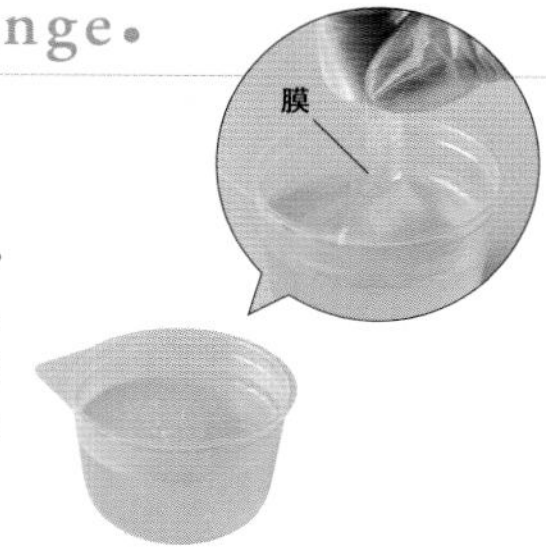

手作りCPソープ

Q&A

Q.精油のブレンドのコツは？

A.香りのグループから、相性のよい精油を選びましょう。

精油の香りは7つの系統に分けることができ、ブレンドする際は、同じ系統のものを組み合わせるのがいちばん簡単な方法。原料の植物が似ているので、香りがなじみやすいのです。また、下の図で隣同士になっているグループも相性がよいといわれています。もっとも、香りの好みは人それぞれ。離れているグループの精油でも、合わせてみると快い香りになる可能性を秘めていますので、いろいろと試してみるのがおすすめです。

＊ここでは、主に本書で使用している精油を紹介しています。

精油の香り
Essential oil
7つの系統

［柑橘系］
オレンジ、
ベルガモット、柚子、
リツエアクベバ、
レモンユーカリ など

［フローラル系］
カモミール、ゼラニウム、
ラバンジングロッソ、
ラベンダー など

［オリエンタル系］
イランイラン、
パチュリ、ベチバー など

［樹脂系］
エレミ、
フランキンセンス など

［スパイス系］
コリアンダー、
ジンジャー、
ブラックペッパー など

［樹木系］
サイプレス、シダーウッド、
ティーツリー、プチグレン、
ローズウッド など

［ハーブ系］
ペパーミント、マジョラム、
ローズマリー など

第 4 章

家族にうれしい アレンジCPソープ

手作りCPソープを家族で使えたら素敵ですよね。
第4章では、赤ちゃん向けのベビーソープや、
殺菌効果のある手洗いソープなどをご紹介。
日々の暮らしに役立つ石けんを作ってみましょう。

野菜を使ってカラフルに

キッズソープ

How to make >>>p.72

野菜を使った石けんは、
本来の色味を生かしカラフルな仕上がりに。
「これは何の野菜？」とお子さんの興味もそそり、
毎日の手洗いが楽しくなるかも。

低刺激で赤ちゃんにも安心

ベビーソープ

How to make >>>p.74

ベビーマッサージにも使われる
太白ゴマ油をベースに、
無香料で仕上げるソープ。
色材を使わず、水分量の違いを利用して
上品なマーブル模様を描きます。

お父さんにもおすすめ！

竹炭ソープ

How to make >>>p.76

黒を基調とした矢羽根模様がクールな石けん。
竹炭入りで、体臭ケアにも効果的です。
ツバキ油を配合し、髪、顔、体まで
やさしくしっかり洗い上げます。

ペットも人もやさしく洗い上げる

ドッグソープ

How to make >>>p.78

ワンちゃんの皮膚は薄くてデリケート。
やさしくシンプルな石けんがベストです。
微かな香りづけと、
汚れを吸着、除去してくれるクレイを配合した
ナチュラルカラーソープです。

キッズソープ [p.70]

※精油は1種類でもOK。3g程度でも十分香ります。

[材料]

オイル
- ハイオレイックひまわり油……160g
- パーム油……100g
- パーム核油……100g
- 米ぬか油……20g

苛性ソーダ……51.1g

精油
- オレンジ……3g
- リツエアクベバ……2g

トマトジュース……100g
(トマト160gで作る)

[必要な道具]

- p.12〜13で紹介した基本の道具一式
- 石けんの型(縦55×横65×高180mm)
- こし袋(2枚)
- 茶こし

トマトジュースを作る

1 トマトをブレンダーにかけてペースト状にする。

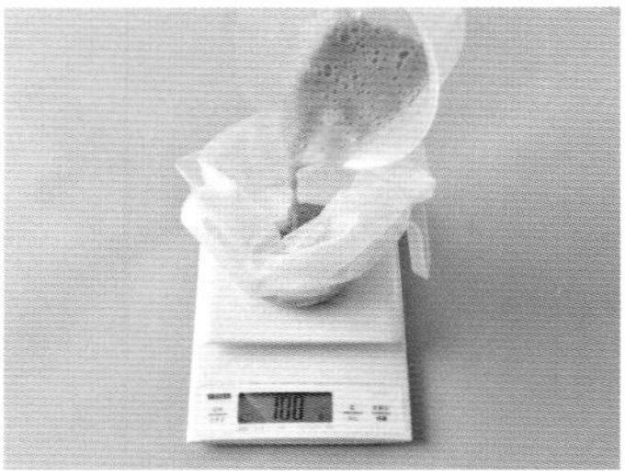

2 ポリカップにこし袋を2枚かぶせてはかりにのせ、[1]を流し入れる。

⚠ こす際に袋が破れないように、こし袋は2重にする。

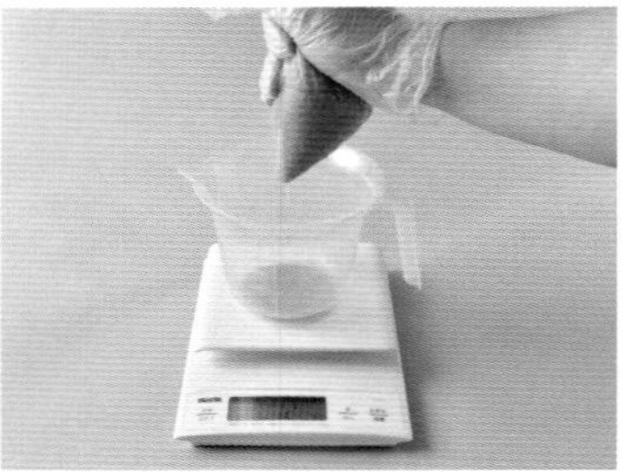

3 [2]を手でぎゅっとしぼり、トマトジュースを100g作る(これが精製水の代わりになる)。

生地を作る

4 [3]に苛性ソーダを静かに加える。

⚠ このとき、精製水に苛性ソーダを加えるのと同様に温度が急上昇し、刺激のある蒸気が発生するので注意。

5 [4]を混ぜ合わせる。

POINT このとき泡が浮いてくるが、あとでこすのでOK。

6 「基本の作り方」(p.16〜)の2−[1]〜3−[2]の手順に従い、オイルに精油を加えて混ぜる。

型に流す

7 [5]の温度が下がったら、茶こしでこしながら[6]に加える。

8 「基本の作り方」の4－[2]～[4]の手順に従い、ゆるめのトレースを出す。

9 型を斜めに傾けて、側面を伝わせて[8]の生地を流し込む。型を傾けることで、生地に気泡を巻き込みにくくする。

10 最後は型を立てて流し、「基本の作り方」の5－[6]の手順に従い、保温する。

型から出し、カットする

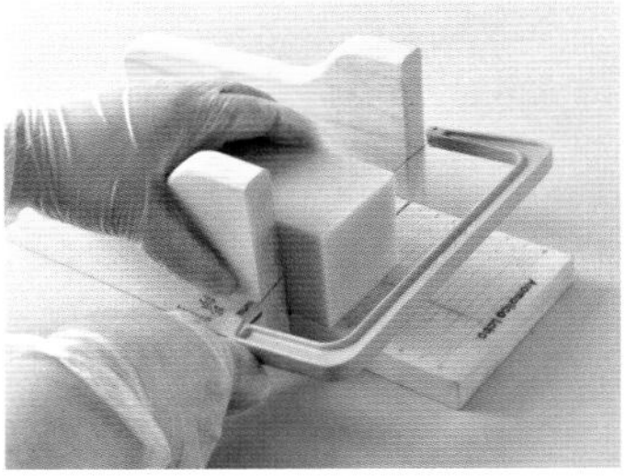

11 24時間以上保温したら、「基本の作り方」の6以降の手順に従い、カット→乾燥、熟成させる。

•Arrange•

野菜を変えて作ってみると……

同じ作り方で、トマト以外の野菜石けんを作ってみるのも素敵。野菜の色味を残したまま、色彩豊かな石けんができあがります。

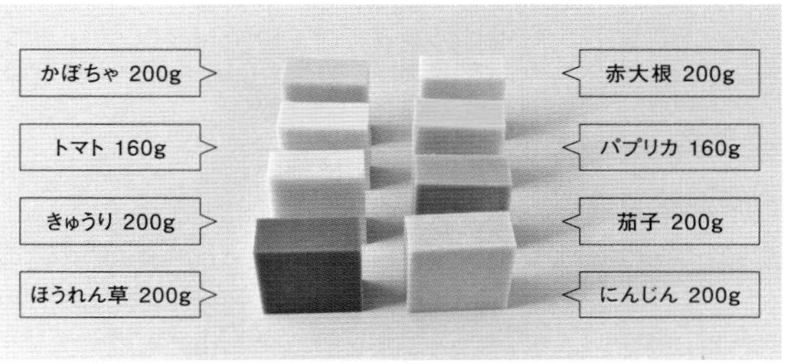

水分の多い野菜（トマトやパプリカ）は、必要水分量の1.6倍（本書のレシピでは160g）程度。水分の少ない野菜は、必要水分量の2倍（200g）の分量を用意します。水分が足りない場合は、様子を見ながら精製水を加えて調整し、ブレンダーをかけましょう。

POINT

でんぷんが多い野菜（かぼちゃなど）は、こし袋で多めにジュースをこしたあと、でんぷんが下がるのを待って上澄みを使用します。また、パプリカは季節やものにより水分量が異なるので量を加減しましょう。

ベビーソープ [p.70]

［ 材料 ］

オイル

太白ゴマ油	180g	精製水	100g
パーム油	90g	苛性ソーダ	51.2g
パーム核油	110g	精製水（模様づけ用）	8g

［ 必要な道具 ］

- p.12～13で紹介した基本の道具一式
- 石けんの型（縦55×横65×高180mm）
- プラカップ、紙コップ
- プラスチックスプーン（大）

生地を作る

1 「基本の作り方」（p.16～）の4－[4]までの手順に従い、石けん生地を作る（3「オイルに精油を加える」は省略）。

2 トレースが出たら生地を100g取り分け、精製水を8g加える。

3 [2]をよく混ぜ合わせ、模様づけ用の生地を作る。

型に流す

4 [1]の残りの生地を型に流し込む。

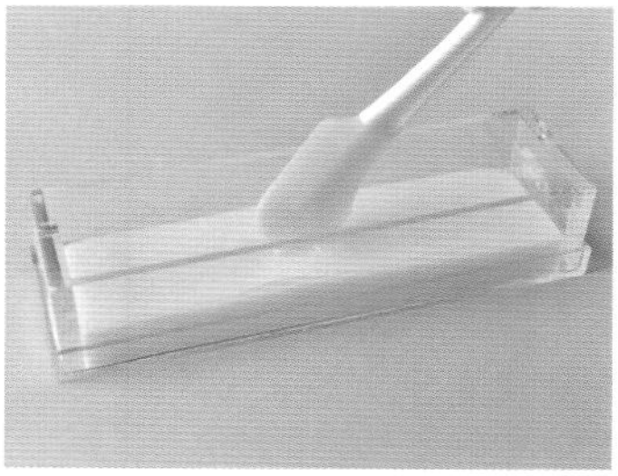

5 ゴムベラで表面を平らにならす。

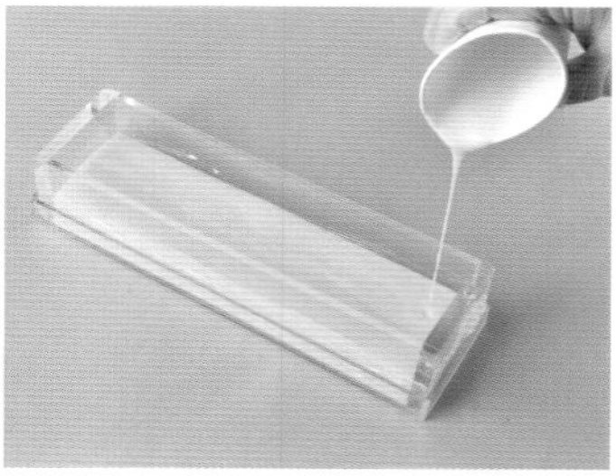

6 [3]を[5]の中央に流し込み、縦にラインを作る。

模様を描く

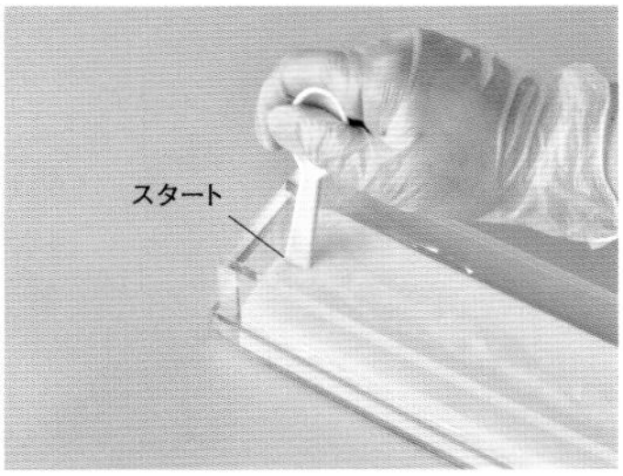

7 生地の上部中央にスプーンの柄を差し込む。

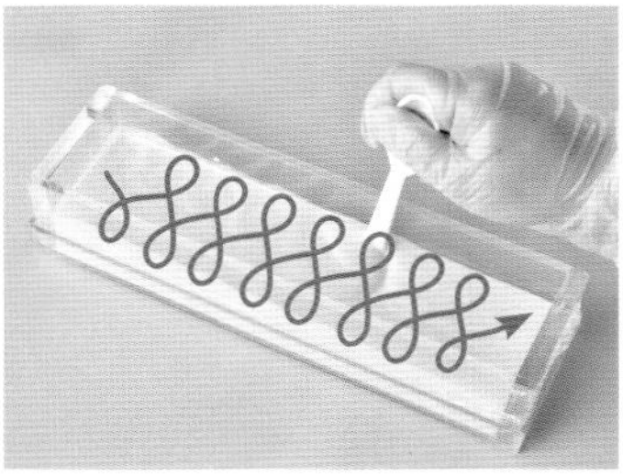

8 スプーンの柄を使い、下に向かって左右にくるくると円を描くようにしてマーブル模様を描く。

POINT 止まらずに、同じ大きさの円を描いていくのがポイント。カーブの先端が型の側面に触れないように。

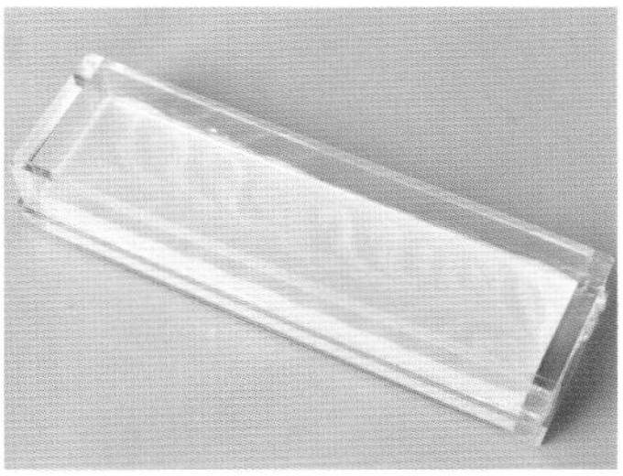

9 最後まで描けたらスプーンをそっと抜き、「基本の作り方」の5－⑥の手順に従い、しっかりめに保温する。

POINT しっかり保温することで、模様が浮き出やすくなる。

型から出し、カットする

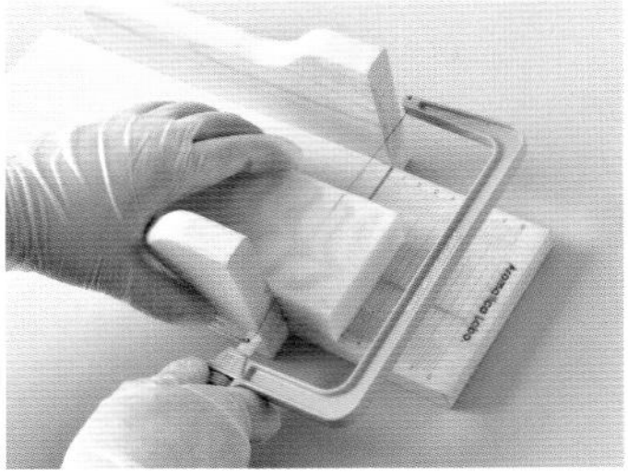

10 24時間以上保温したら、「基本の作り方」の6以降の手順に従い、カット→乾燥、熟成させる。

memo

- 乳幼児が使う場合、精油の配合は避けたほうがよいですが、例えば大人の方が使用する目的で、ほのかに香りをつけたいときは、ラベンダー精油やティーツリー精油がおすすめ。1gほど配合するとよいでしょう。

- 片手でくるくる回せる程度の長方形にカットすると、赤ちゃんの体を洗う際に使いやすいです。

手作りCPソープ Q&A

Q.トレースを出しすぎてしまったら?

A.そのまま型に流すか、粘土状に。

トレースを見逃して混ぜすぎると、生地がかたくなりきれいに仕上がらないことがありますが、石けんとして使うには問題ありません。そのまま型入れしてしまいましょう（絵や模様づけはしにくくなるので、シンプルなデザインに変更するのがおすすめ）。型入れも難しいほどかたくなってしまった場合は、その時点で団子状に丸めて1日寝かせ、翌日に粘土状にするか、伸ばしてお菓子のように型抜きするとよいでしょう（必ずゴム手袋をして行うこと）。

竹炭ソープ ［ p.71 ］

※精油は1種類でもOK。3g程度でも十分香ります。

［ 材料 ］

オイル
- ツバキ油……160g
- ココナッツ油……120g
- パーム油……80g
- ゴマ油……20g

精製水……100g

苛性ソーダ……52.6g

精油
- サイプレス……2g
- ラバンジングロッソ……1g
- ティーツリー……2g

竹炭……1g

［ 必要な道具 ］

- p.12～13で紹介した基本の道具一式
- 石けんの型（縦67×横260×高58mm）
- プラカップ、紙コップ
- プラスチックスプーン（大、小）

生地を作る

1 「基本の作り方」（p.16～）の４－[4]までの手順に従い、石けん生地を作る。トレースはゆるめにする。

色づけする

2 竹炭を材料表にあるいずれかのオイル少量（分量外／常温で液体状のもの）で溶く。

3 [1]を100g、120g、300gに取り分け、100gと120gの生地に[2]を適量加え、黒とグレーに色づけする。300gは色づけしない。

型に流す

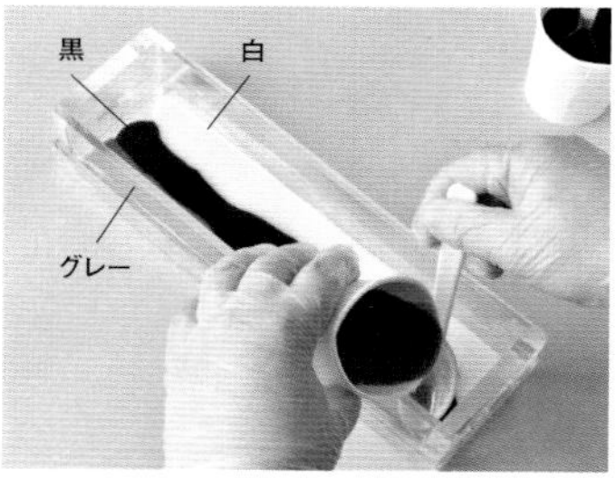

4 型の右側に白、中央に黒、左側にグレーの生地をスプーンに伝わせながらゆっくりと流し込み、３本のラインを作る。

5 [4]と同じ要領で、黒と白の生地の境目にグレーを重ねる。

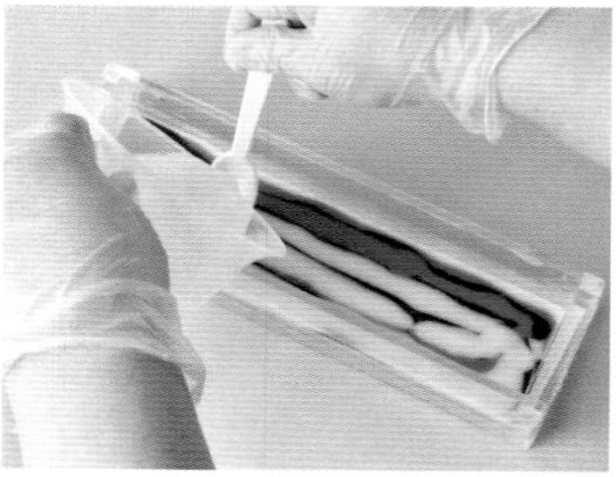

6 このようにして、同じ色の生地が重ならないよう、色と色の境目に生地を重ねていく。

7 ある程度生地を重ねたら、バランスを見ながら足りない色の生地をスプーンで足し、型をゆすって全体をなじませる。

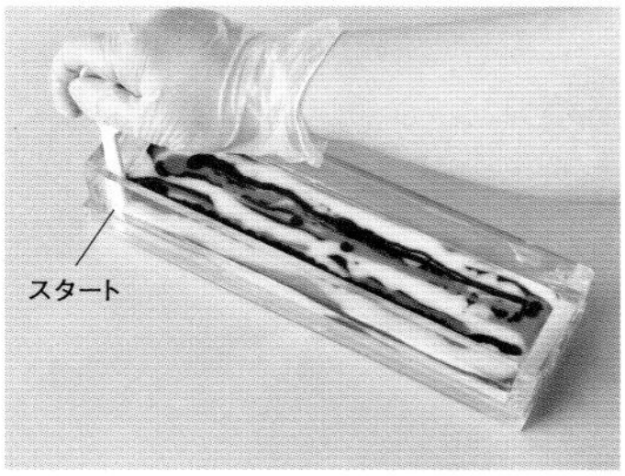

8 スプーンの柄を型の左上に差し込む。

矢羽根模様を描く

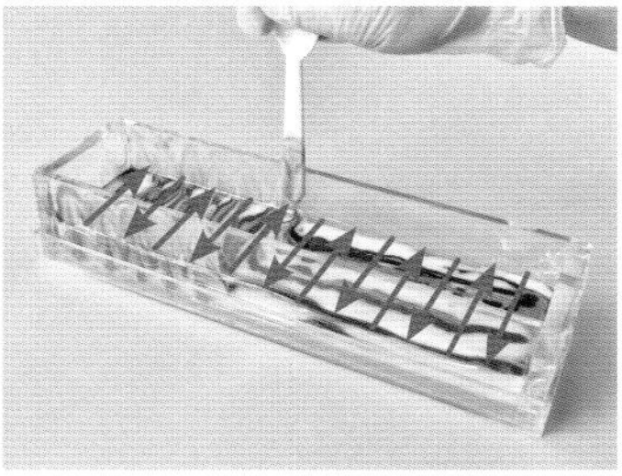

9 型の左端から右端まで真横にスプーンを移動させたら、スプーンを真上に引き抜く。次は少し下にずらして差し込み、逆方向に向かって真横に移動させ、スプーンを引き抜く。これを型のいちばん下まで繰り返す。

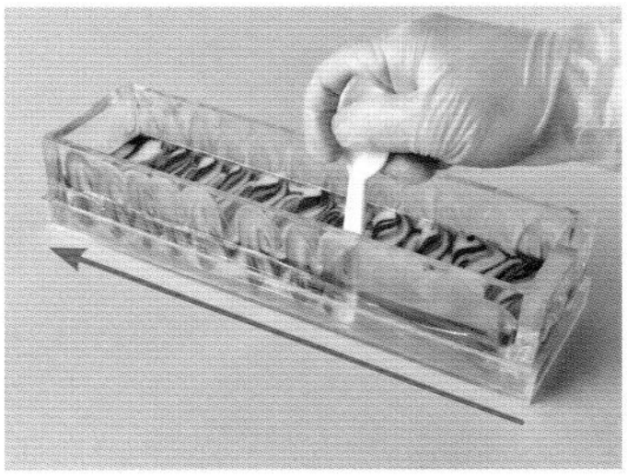

10 型のいちばん下までいったら、スプーンを型の側面に沿わせて、上に向かってすべらせる。このとき、スプーンの柄が型の側面と平行になるように持つ。

11 次に、上下にコの字を書くようにして、スプーンを縦に動かしていく。このとき、スプーンの柄が正面を向くように持つ。

スプーンの動かし方

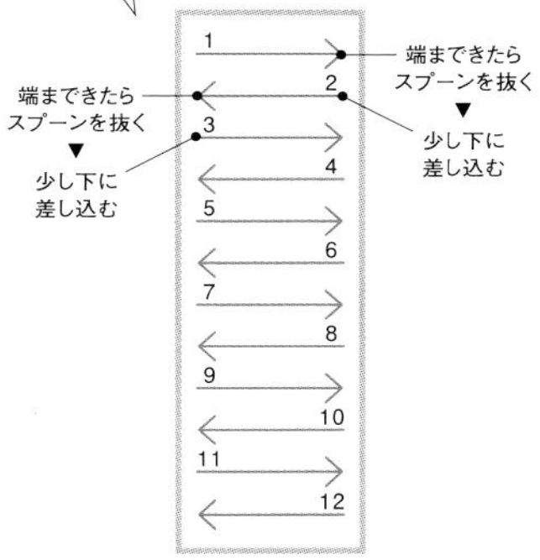

型から出し、カットする

12 型の右側面までいったら、スプーンの柄が型の側面と平行になるように持ち替え、下に向かってすべらせる。

13 スプーンをそっと抜き、「基本の作り方」の5−6の手順に従い、保温する。

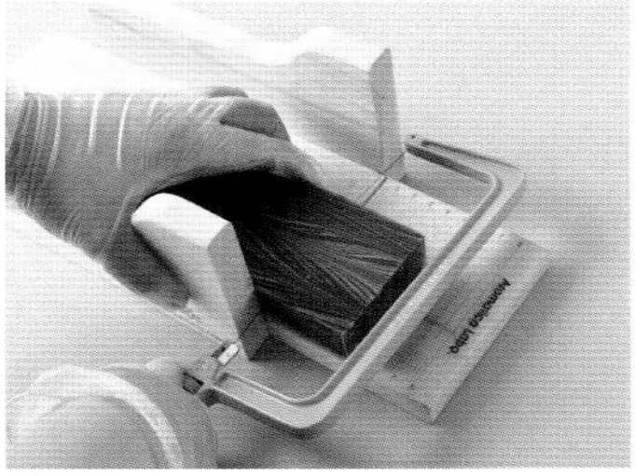

14 24時間以上保温したら、「基本の作り方」の6以降の手順に従い、カット→乾燥、熟成させる。

ドッグソープ［p.71］

※精油はなしでもOK。

［材料］

オイル
- オリーブ油……160g
- パーム油……80g
- パーム核油……120g
- ヒマシ油……18g
- ホホバ油……2g

精製水……100g
苛性ソーダ……51.4g
精油
- ラベンダー……1g
- ティーツリー……1g

ピンククレイ（モンモリロナイト）……1g

［必要な道具］

- p.12〜13で紹介した基本の道具一式
- 石けんの型（縦55×横65×高180mm）
- プラカップ

生地を作る

1 「基本の作り方」（p.16〜）1－[4]までの手順に従い、苛性ソーダ水を作る。

2 「基本の作り方」の2－[1]〜3－[2]の手順に従い、オイルに精油を加える。

3 ピンククレイを材料表にあるいずれかのオイル少量（分量外／常温で液体状のもの）で溶き、[2]に加える。

4 さっと混ぜ合わせる。

5 [4]に[1]の苛性ソーダ水を加えて混ぜる。

6 「基本の作り方」の4－[2]〜[4]の手順に従い、トレースを出す。

型に流す

型から出し、カットする

7 型を斜めに傾けて、側面を伝わせて6の生地を流し込む。型を傾けることで、生地に気泡を巻き込みにくくする。

8 最後は型を立てて流し、「基本の作り方」の5−6の手順に従い、保温する。

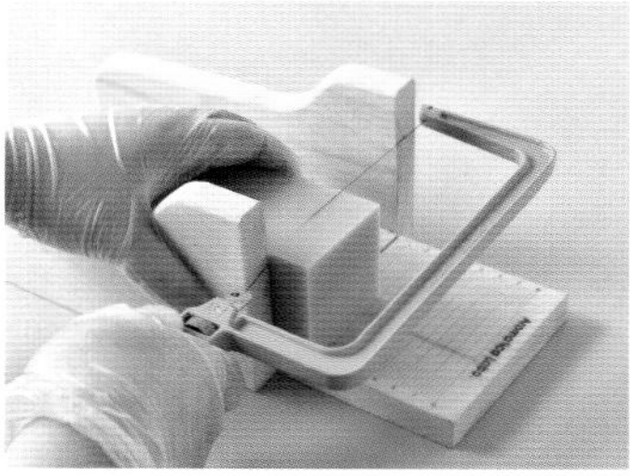

9 24時間以上保温したら、「基本の作り方」の6以降の手順に従い、カット→乾燥、熟成させる。

Arrange

クレイの色を変えてみると……

同じ作り方で、いろいろな色のクレイを使って石けんを作った場合、右のような色合いに（すべて1g配合）。色味や種類、採掘された場所などでも肌への作用が変わるため、少量ずつ試し、肌質に合うものを探してみてください。敏感肌の方などは、0.5g程度から試してみるのがおすすめです。

※レッドクレイは使い方が難しいため、ごく少量で配合するか、専門家に相談してから使用してください。

ココナッツ油100%で作る

キッチンソープ

How to make >>>p.81

オイルには、洗浄力が高く
泡立ちがよいココナッツ油だけを使用。
食器洗いや料理中の手洗いにおすすめです。
泡切れがよくすっきりと洗えます。
手荒れが気になる方は、
ぜひ試してみてください。

紅茶で殺菌効果アップ

手洗いソープ

How to make >>>p.82

殺菌作用のある紅茶と
レモンユーカリ精油を配合した、
手洗いにぴったりのソープ。
2色の石けんを使った
アレッポの石けん風デザインに仕上げます。
お顔にも使用できます。

キッチンソープ [p.80]

※精油は1種類でもOK。3g程度でも十分香ります。

[材料]

オイル
- ココナッツ油……380g

精製水……152g

苛性ソーダ……62.9g

精油
- ティーツリー……4g
- レモンユーカリ……1g

[必要な道具]

- p.12〜13で紹介した基本の道具一式
- 石けんの型（縦55×横65×高180mm）

生地を作る

1 「基本の作り方」（p.16〜）の1−[4]までの手順に従い、苛性ソーダ水を作る。

POINT ココナッツ油100%の石けんはかたくなるため、精製水は多めに配合する。

2 「基本の作り方」の2−[1]〜4−[4]の手順に従い、トレースを出す。

型に流す

3 型を斜めに傾けて、側面を伝わせて[2]の生地を流し込む。型を傾けることで、生地に気泡を巻き込みにくくする。

4 最後は型を立てて流し、「基本の作り方」の5−[6]の手順に従い、保温する。

型から出し、カットする

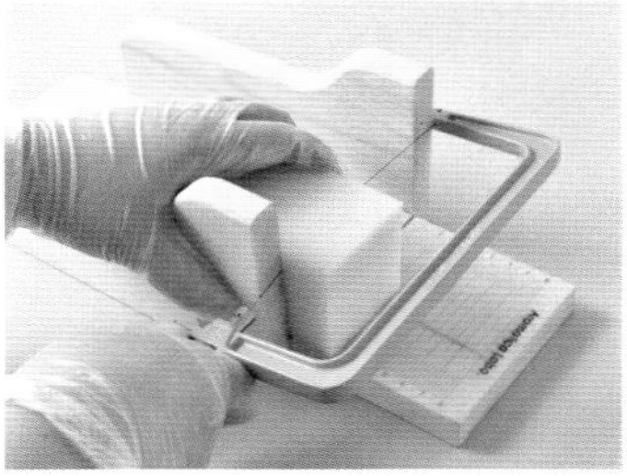

5 24時間以上保温したら、「基本の作り方」の6以降の手順に従い、カット→乾燥、熟成させる。

memo

- 食器を洗う際は、スポンジで石けんをこすり、よく泡立ててから使います。
- 油汚れがきつい場合は、2度洗いしてください。
- 洗い桶などでためすすぎをすると汚れが食器に戻ることがあるため、流しすすぎをしてください。
- 石けん作りで使った道具もキッチンソープで洗うとすっきりします。

手洗いソープ ［p.80］

※精油は3g程度でも十分香ります。

［材料］

◆A（内側の石けん）

オイル	オリーブ油	90g
	ココナッツ油	50g
	パーム油	50g
精製水		50g
苛性ソーダ		25.8g
精油	レモンユーカリ	3g
グリーンクレイ		5g

◆B（外側の石けん）

オイル	オリーブ油	180g
	ココナッツ油	100g
	パーム油	100g
苛性ソーダ		51.7g
精油	レモンユーカリ	5g
グリーンクレイ		5g
紅茶		100g

（好みの茶葉5g、精製水160gで作る）

［必要な道具］

- p.12～13で紹介した基本の道具一式
- Aの石けんの型（縦55×横170×高65mm）
- Bの石けんの型（縦45×横250×高85mm）
- 茶こし

Aの生地を作る

1 「基本の作り方」（p.16～）の1－[1]～3－[2]の手順に従いオイルに精油を加え、茶こしでグリーンクレイを散らすように加える。

Aを型に流す

2 「基本の作り方」の4－[1]～[4]の手順に従い苛性ソーダ水を加えてトレースを出し、型に流す。

3 型に流したら、「基本の作り方」の5－[6]の手順に従い、保温する。

型から出し、カットする

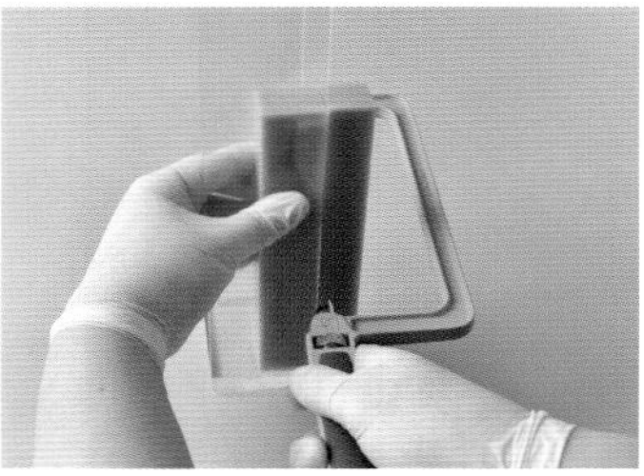

4 24時間以上保温したら型から出し、正方形（または好きな形）にカットする。

POINT 縦にカットする際は、写真のように型の縁などに沿わすと切りやすい。

5 正方形の石けんが2本できた。さらに、Bの石けんの型の横のサイズに合わせて、石けんをカットして長さを調整する。

型にAの石けんをセットする

6 [5]で長さを調整した際に出た余った石けんを使い、上げ底用の石けん（1㎝四方）を4本用意する。長さは[5]の石けんを上に置いたとき、持ち上がるくらいあればOK。

POINT 縦型の型を使う場合は、底上げ用の石けんは不要。

Bの生地を作る

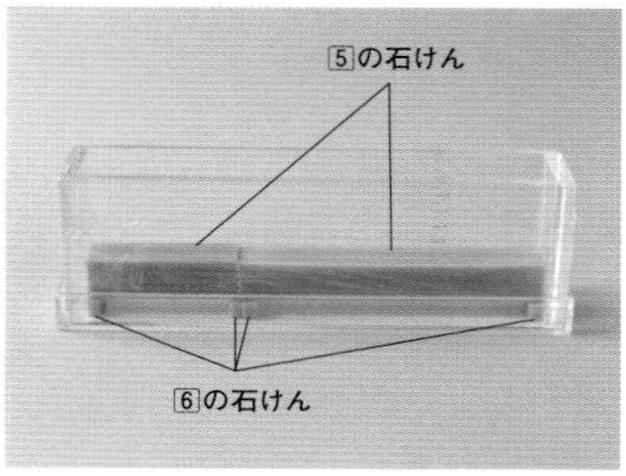

7 Bの型に[6]の石けんを並べ入れ、その上に[5]の石けんをのせる。

POINT 縦型の型を使う場合は、型の中央にくるようにAの石けんを立たせる。

8 好みの茶葉を精製水で煮出して茶こしでこし、紅茶水を100g作る（これが精製水の代わりになる）。

9 [8]に苛性ソーダを加え、「基本の作り方」の1－[4]～4－[4]の手順に従い、トレースを出す。

型にBの生地を流す

10 [9]を[7]に流し込む。底部分にも生地が行き渡るように、1点から流し込んでいく。

11 ある程度流せたら、最後は高さを揃えるように全体に流し、型をゆすって表面を平らにならす。

12 平らにならしたら、「基本の作り方」の5－[6]の手順に従い、保温する。

型から出し、カットする

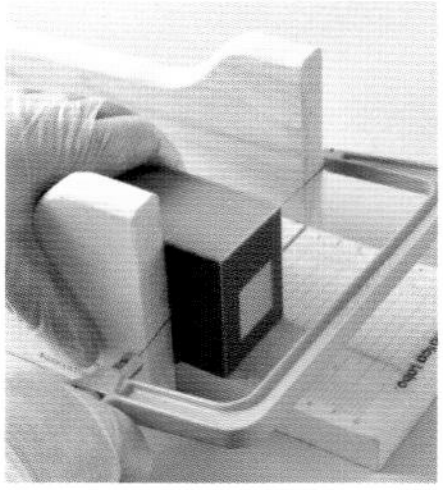

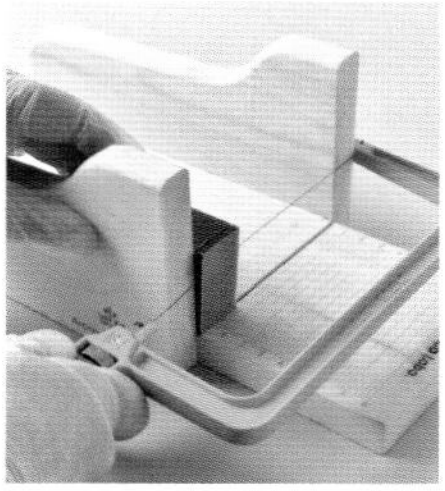

13 24時間以上保温したら、「基本の作り方」の6以降の手順に従い、カット→乾燥、熟成させる。

POINT 石けんの上下の色が変色していたら、薄くカットするときれいに仕上がる。

•Arrange•

配色を逆にしてナチュラルに

内側と外側の配色を入れ替えるだけで、ナチュラルでやさしい雰囲気に。Aは材料表に記載している分量の2倍、Bは半量のレシピにして作ります。

column

オリジナルレシピを作ろう

石けん作りに慣れてきたら、自分でレシピを考えて、オリジナルの石けんを作ってみませんか？
計算が苦手と感じる方は、オンラインショップなどの
自動計算サイト（p.127）を活用するのがおすすめです。

STEP 1

形やデザインを考える

まずは、どんな形でどんなデザインの石けんにするかを考えてみましょう。最初はシンプルなものからスタートし、徐々に凝ったデザインに挑戦していくとよいでしょう。また、石けんの使い心地や用途なども考慮していきましょう。

例えば……

- シンプルな石けんにしたい
- 柄などのデザイン石けんを楽しみたい
- 泡立ちのよい石けんを作りたい
- 香りにこだわりたい　など

STEP 2

オイルを選ぶ

オイル選びは石けん作りにおいて、重要なポイントです。選ぶオイルによって石けんの使い心地や質感、はたらきは大きく変わります。単独のオイルでも石けんは作れますが、数種類を組み合わせて配合すると、各オイルの長所を取り込むことが可能。それぞれの短所も補ってくれます。

オイルの割合

CPソープに使用するオイルの総重量は、想定する石けんの総重量に対して、70％程度の割合に。本書では石けんの総重量を約530g、オイルの総重量を380gとしています。

オイル選びのポイント

- 泡立ちのよさ
- 溶け崩れのしにくさ
- 保湿力や洗浄力
- 肌へのやさしさ

など

オイルの組み合わせの例（p.16「基本の作り方」のソープの場合）

① オリーブ油（保湿力と洗浄力は高いが、泡立ち控えめ）150g
② ココナッツ油（泡立ちをよくし、石けんをかたくする）　120g
③ パーム油（石けんをかたく、溶け崩れしにくくする）　110g

＝ オイルの総重量 380g

STEP 3

使用する苛性ソーダの分量を出す

［ 1 ］

各オイルの重量から苛性ソーダの分量を計算する

オイルが決定したら、続いて苛性ソーダの分量を計算しましょう。苛性ソーダの分量は、使用する各オイルの「けん化価」を元に算出することができます。オイルの種類により、石けんにするために必要な苛性ソーダの量は違います。＊各オイルのけん化価はp.86を参照。

けん化価とは……

けん化価とは、オイル1gを石けんにする際に必要となる苛性カリのmg数のこと。CPソープを作るときに使う苛性ソーダの分量は、このけん化価を元に算出します。

［ 2 ］

ディスカウントする

すべてのオイルをけん化させてしまうと、手作り石けんならではのマイルドさや保湿力が半減してしまうため、苛性ソーダの量を5〜15%減らして、けん化率を85〜95%にして石けんを作ります。これを「ディスカウント」といいます。本書ではけん化率を90%（ディスカウント10%）にしています。

［ 計算式 ］

オイルの重量 × けん化価 × 0.713 ÷ 1000 ＝ 苛性ソーダの分量

× けん化率 ＝ **使用する苛性ソーダの分量**

例（p.16「基本の作り方」のソープの場合）

まずは、オイルごとに苛性ソーダの分量を計算します。

① オリーブ油　150(g) × 191 × 0.713 ÷ 1000 ＝ 20.4(g)
② ココナッツ油　120(g) × 258 × 0.713 ÷ 1000 ＝ 22.1(g)
③ パーム油　110(g) × 203 × 0.713 ÷ 1000 ＝ 15.9(g)

＊小数点2位以下は四捨五入

▼

次に、オイルごとの苛性ソーダの分量を合算し、ディスカウントします。

20.4(g) ＋ 22.1(g) ＋ 15.9(g) × 0.9 ＝ **52.6**(g)

＊小数点2位以下は四捨五入

これが、けん化率90%で石けんを作る場合の苛性ソーダの分量です。

STEP 4

精製水の量を算出する

苛性ソーダを溶かす精製水の量は、オイルの総重量に対して25～35%で作られることが多く、本書では約26%の水分量で算出しています(一部、石けんの種類により例外あり)。また、水分量は気候により調節するのがおすすめ。乾燥しがちな冬場なら水分量を3～5%増やすと、石けん作りがうまくいくでしょう。

精製水の分量の算出方法

380(g)×0.26 ＝98.8(g)

これが、水分量約26%で石けんを作る場合の精製水の分量です。

＊本書では計量しやすいよう、精製水を100g（水分量26.5%）にしています。
＊精製水以外に液体の材料（ハーブティーや野菜ジュースなど）を使う場合は、それらを精製水の分量に置き換えて計算します。

STEP 5

精油やオプションを決める

精油やドライハーブ、クレイなど、好みでオプションを加えてもよいでしょう。これらがなくても石けんは作れますが、香りや色合い、質感などをプラスすることができ、石けん作りの楽しみがより広がります。石けんに精油を加える場合は、石けんの総重量（オイル＋苛性ソーダ＋精製水）に対して1%以下の濃度を目安に加えます。

精油の分量の計算方法

オイルの総重量380g＋苛性ソーダ52.6g＋精製水100gの場合、

(380＋52.6＋100)×0.01 ＝5.3(g)

＊敏感肌の方などは、精油を0.5%以下の濃度にするのがおすすめです。

オイルのけん化価表

本書で使用しているオイルのけん化価です。
けん化価は、抽出方法や商品により
異なりますので、ここでは標準の数値を掲載します。

作ったレシピは書き留めて残しておきましょう!

オイルの種類	けん化価	オイルの種類	けん化価	オイルの種類	けん化価
アボカド油	193	米ぬか油	188	パーム核油	249
杏仁油	190	シアバター	187	ヒマシ油	180
オリーブ油	191	スイートアーモンド油	194	ホホバ油	93
ココアバター	200.5	ツバキ油	193	マカデミアナッツ油	195
ココナッツ油	258	ハイオレイックひまわり油	191	みつろう	90.5
ゴマ油、太白ゴマ油	190.5	パーム油	203	レッドパーム油	203

参考資料:一般社団法人ハンドメイド石けん協会「ジュニアソーパー講座公式テキスト」

第 5 章

12か月のアレンジCPソープ

石けんを通して、季節を感じてみませんか？
12か月をイメージしたデザイン石けんは、
眺めているだけでもヒーリング効果抜群。
親しい方への贈り物にもおすすめです。
乾燥、熟成期間（約1か月）を考慮し、計画を立てながら
作るとよいでしょう。

※不特定多数への石けんの譲渡、販売は法律で規制されています。
プレゼントする際は、家族や友人など、贈った相手の使用状況がわかる親近者の間で行いましょう。

1月

新しい一年を彩る

椿ソープ

How to make >>>p.90

ヨモギ色の石けんに椿の絵をあしらった、
お正月にぴったりのソープ。
保湿力の高いツバキ油を使い、
一年の始まりを心地よく迎えさせてくれます。

2月

大切な人への
思いをのせて

チョコレートソープ

How to make >>>p.92

ココアパウダーで色づけした、
まるでチョコレートのような石けん。
表面に思い思いの模様やメッセージをのせ、
バレンタインにプレゼントしてみては？

3月

3色でかわいいひな祭りカラー

菱餅ソープ

How to make >>>p.94

ひな祭りの菱餅を再現したソープ。
1段目の緑色にはヨモギパウダーを用い、
本物さながらの仕上がりに。
オイルには、美肌作用のある
杏仁油を使っています。

椿ソープ [p.88]

※精油は1種類でもOK。3g程度でも十分香ります。

[材料]

オイル
- ツバキ油……120g
- ココナッツ油……110g
- パーム核油……110g
- スイートアーモンド油……30g
- シアバター……10g

精製水……100g
苛性ソーダ……55.4g
精油
- フランキンセンス……3g
- ラベンダー……2g

a.ヨモギパウダー……1g
b.赤（顔料）……0.3g
c.酸化クロム……0.3g
d.キャンディカラーイエロー……0.2g
e.竹炭……0.3g
f.酸化チタン……0.3g
g.酸化鉄黄色……0.3g

[必要な道具]

- p.12～13で紹介した基本の道具一式
- 石けんの型（縦67×横260×高58mm）
- プラカップ
- プラスチックスプーン（小）
- スポイト
- 竹串

生地を作る

1 「基本の作り方」（p.16～）の4－4までの手順に従い、石けん生地を作る。トレースはゆるめにする。

色づけする

2 a.ヨモギパウダー、b.赤、c.酸化クロム、d.キャンディカラーイエロー、e.竹炭、f.酸化チタン、g.酸化鉄黄色を材料表にあるいずれかのオイル少量（分量外／常温で液体状のもの）で溶く。

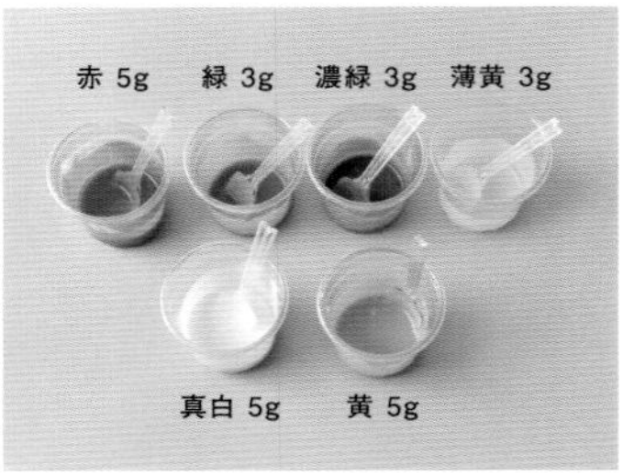

3 1を赤5g、緑3g、濃緑3g、薄黄3g、真白5g、黄5g分に取り分ける。赤はb、緑はc、濃緑はc＋e、薄黄はd、真白はf、黄はgで色づけする。

4 残りのベース生地にa.ヨモギパウダーを加え、ヨモギ色に色づけする。

型に流す

5 ゴムベラに伝わせながら生地を型に流し込み、表面を平らにならす。

椿の絵を描く

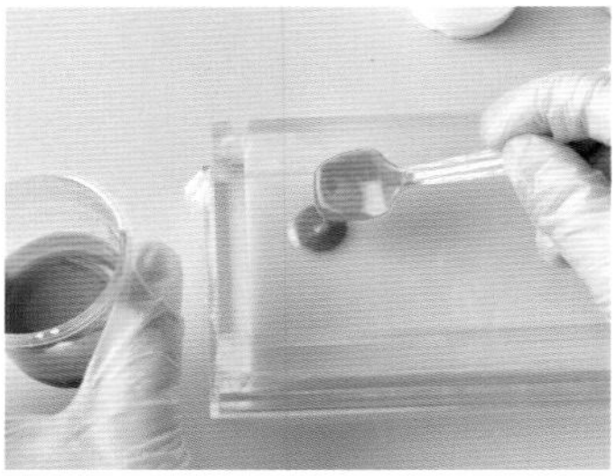

6 赤色の生地を、直径1～2㎝の大きさになるよう丸く垂らし、椿の花を描く。

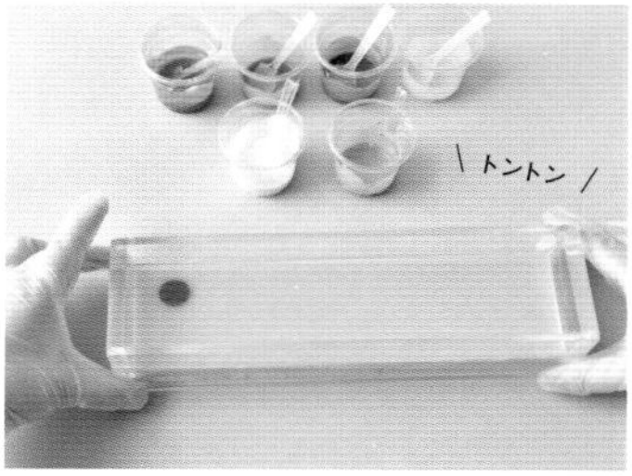

7 赤色の生地の上にほかの色をのせやすいよう、型を軽く上下にトントンと打ちつけ、表面を平らにする。

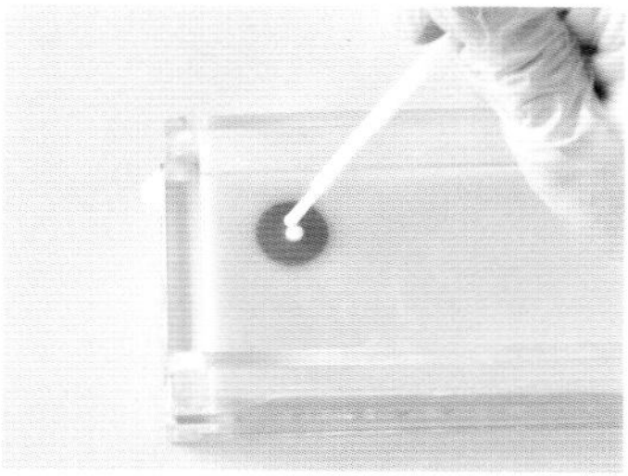

8 次に赤色の生地の中心に、スポイトで真白色の生地を丸く垂らす。

9 続いて、黄色の生地を少しずらしてスポイトで丸く垂らす。

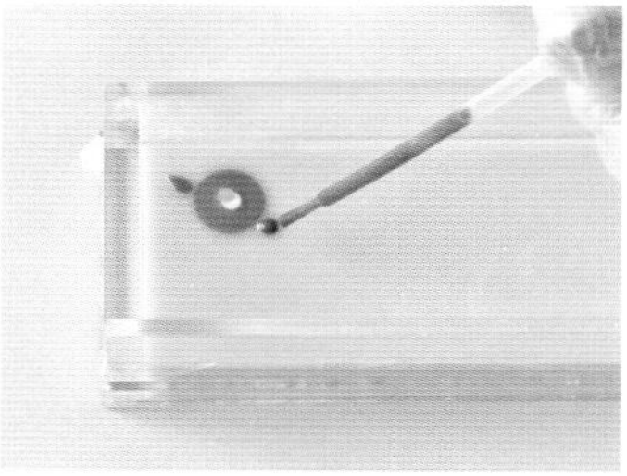

10 濃緑色の生地を先細りになるようにスポイトで垂らし、葉っぱを描く。

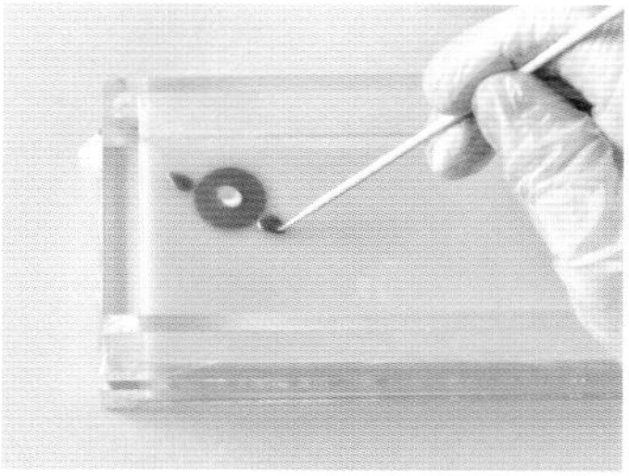

11 竹串を使い、10の葉の中心に緑色の生地で葉脈を描く。

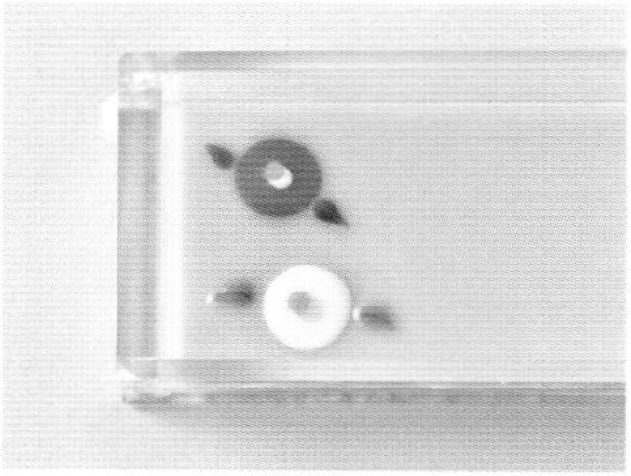

12 同じ要領で白い椿を描く。このとき、椿の中心に薄黄色と黄色を重ね、葉っぱを緑色、葉脈を濃緑色にして配色を逆にする。

型から出し、カットする

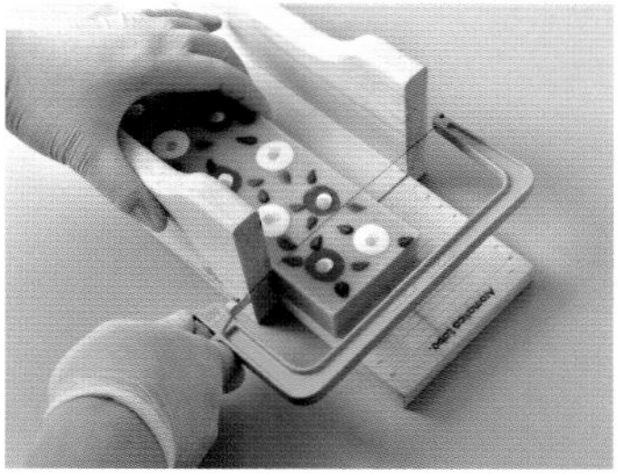

13 全面にバランスよく描けたら、「基本の作り方」の5−6以降の手順に従い、保温→カット→乾燥、熟成させる。

チョコレートソープ [p.89]

※精油は1種類でもOK。3g程度でも十分香ります。

[材料]

オイル
- オリーブ油……140g
- ココナッツ油……130g
- ココアバター……80g
- スイートアーモンド油……30g

精製水……100g

苛性ソーダ……52.7g

精油
- オレンジ……2g
- ベルガモット……3g

ココアパウダー……10g

ゴールドマイカ……0.5g

[必要な道具]

- p.12～13で紹介した基本の道具一式
- シリコン製の型
- プラスチックのトレイ
- プラカップ、紙コップ
- プラスチックスプーン（大、小）
- 竹串

生地を作る

1 「基本の作り方」(p.16～) の４－[4]までの手順に従い、石けん生地を作る。

色づけする

2 材料表にあるいずれかのオイル少量（分量外／常温で液体状のもの）でココアパウダーを溶く。

3 [1]の生地を半量（約260g）ずつポリカップに取り分け、片方に[2]を加えて混ぜ合わせる。

1色ずつ型に流す

4 茶色と白色の生地ができた。

5 1色の石けんを作る場合、プラスチックのトレイなどにシリコン製の型をのせ、茶色と白色の生地をそれぞれ半分ほど流し込む。

6 トレイごと持ち上げて軽く上下にトントンと落とし、表面を平らにならす。

POINT シリコンモールドはトレイなどに入れて作業すると、持ち運ぶ際などに型がゆがまずスムーズ。

マーブル模様を作る

7 マーブル模様の石けんを作る場合、紙コップに残りの茶色と白色の生地を半分ずつ取る。

8 軽く混ぜ合わせ、マーブル模様を作る。

⚠ 混ぜすぎに注意する。

マーブル生地を型に流す

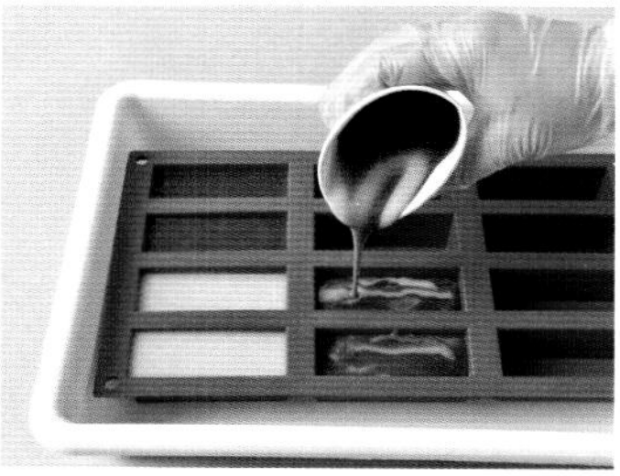

9 マーブル模様をキープしたまま、型に流し込む。

型から出し、デコレーションする

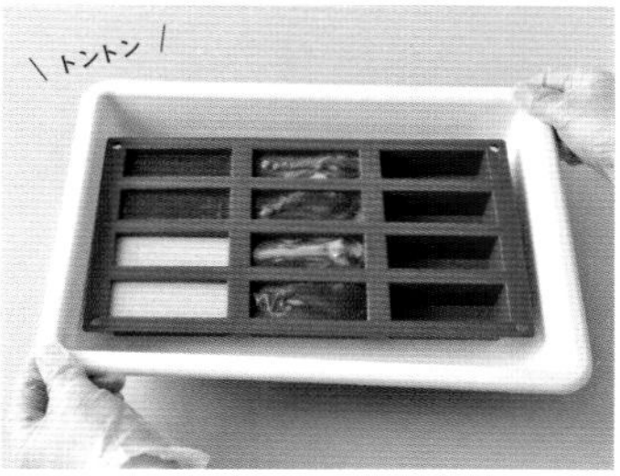

10 6 と同様に表面を平らにならし、「基本の作り方」の５－6 の手順に従い、保温する。

11 24時間以上保温したら、型の底を押して石けんを出す。

12 ゴールドマイカを少量の精製水（分量外）で溶き、竹串の先端につける。

13 石けんの表面に好きな模様などを描き、「基本の作り方」の７以降の手順に従い、乾燥、熟成させる。

•Arrange•

スタンプで パッと華やかに

マイカで色づけしたスタンプを押しても◎。写真はゴールドマイカを使ったもの。スタンプにマイカをつけ、余分な粉をはらって押すだけでOKです。

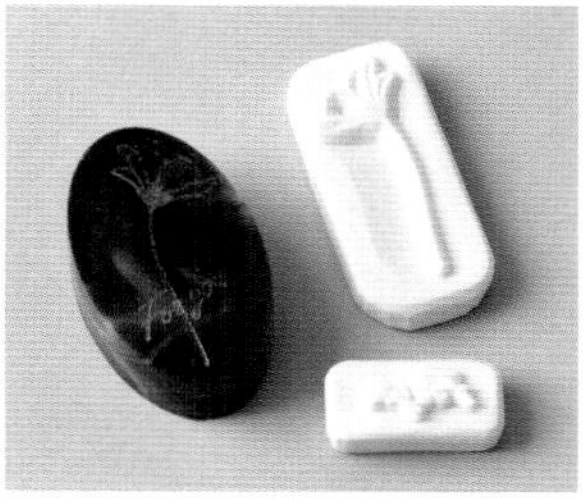

stamp by YUKARII'S HANKO

菱餅ソープ [p.89]

※精油は1種類でもOK。3g程度でも十分香ります。

[材料]

オイル
- 杏仁油……150g
- パーム油……100g
- パーム核油……130g

精製水……100g
苛性ソーダ……52.1g

精油
- エレミ……4.5g
- イランイラン……0.5g

ヨモギパウダー……3g
ピンククレイ（モンモリロナイト）……0.8g

[必要な道具]

- p.12～13で紹介した基本の道具一式
- 石けんの型（縦72×横250×高85mm）
- プラカップ
- プラスチックスプーン（大、小）
- 菱形の型紙（p.127に実寸の型紙掲載）

生地を作る

1　「基本の作り方」（p.16～）の4－[4]までの手順に従い、石けん生地を作る。

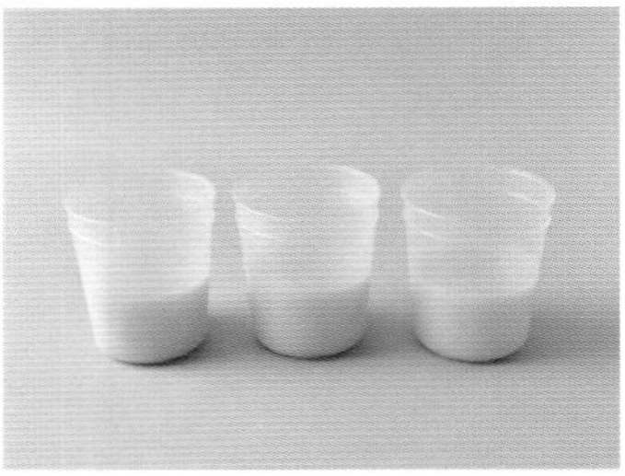

2　生地を3等分（約170g）にする。

緑の生地を作り、型に流す

3　3つのうち1つの生地を少量取ってヨモギパウダーを溶き、生地に戻して色づけする。

4　[3]をよく混ぜたら、さらにブレンダーをかける。生地の表面にしっかり跡が残るくらい、強めにトレースを出す。

5　[4]を型に流し込む。

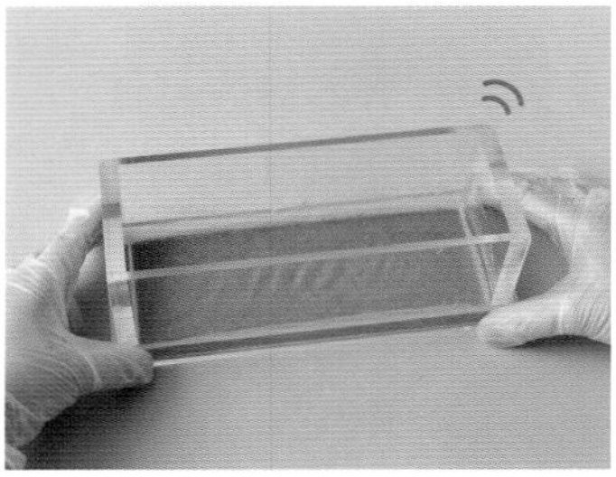

6　全面に流したら、型をゆすって表面を平らにならす。

白の生地を作り、型に流す

7 続いて、残り2つのうち1つの生地にさらにブレンダーをかけ、もったりとしたトレースを出す。

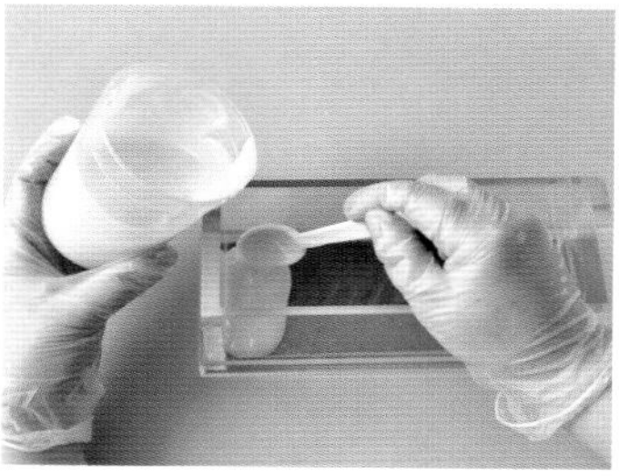

8 [6]の上に[7]を流す。端から少しずつ、スプーンで生地を重ねるように流していく。

9 全面に流したら、スプーンで表面を平らにならす。

ピンクの生地を作り、型に流す

10 材料表にあるいずれかのオイル少量（分量外／常温で液体状のもの）でピンククレイを溶き、残り1つの生地に加えて色づけする。

11 [9]の上に[10]を流す。[8]と同様に端から少しずつ、スプーンで重ねるように流していく。

12 全面に流したらスプーンで表面を平らにならし、「基本の作り方」の5－[6]の手順に従い、保温する。

型から出し、カットする

13 24時間以上保温したら型から出し、菱形の型紙を石けんにセットし、斜めにカットする。

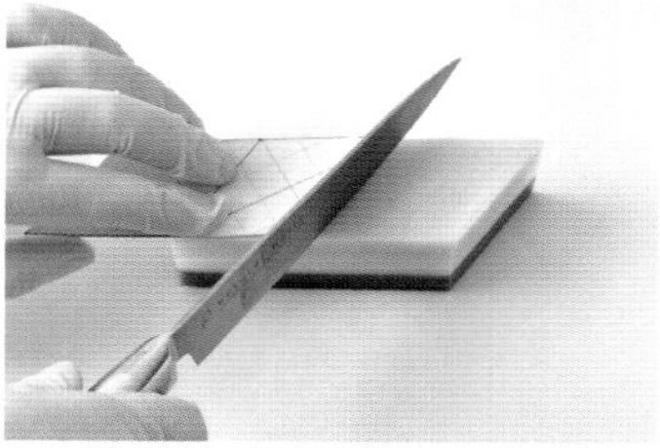

14 [13]が菱形になるようさらに半分にカットし、「基本の作り方」の7以降の手順に従い、乾燥、熟成させる。

●Arrange●

桃や桜の花をのせるとさらにかわいらしく。写真は、「桜塩ソープ」（p.98）の桜の塩漬けを使用したもの。

4月

桜色の配色が美しい

桜塩ソープ

How to make >>>p.98

桜色のグラデーションが美しい桜塩ソープは、
見ているだけで春の訪れを告げてくれるよう。
ゴマ油などに桜塩を合わせ、
ミネラルたっぷりに仕上げます。

5月

ありがとうの気持ちを込めて

母の日の
バラソープ

How to make >>>p.100

母の日に贈りたい
華やかなバラソープは、
口金でしぼって作るデコレーション石けん。
ビタミンEが豊富なひまわり油を使った、
お肌にもうれしい石けんです。

6月

お疲れさまの気持ちを込めて

父の日の
リキッドソープ

How to make >>>p.102

父の日に贈りたいリキッドソープは、
仕事先でも手軽に使えるよう、
ポンプ式で機能的に。
ほのかな香りづけで、ホッと休まる
リラックスタイムをプレゼント。

桜塩ソープ [p.96]

※精油は1種類でもOK。3g程度でも十分香ります。

[材料]

オイル
- ゴマ油……120g
- ココナッツ油……120g
- パーム油……110g
- 米ぬか油……30g

精製水……100g
苛性ソーダ……52.5g

精油
- ローズウッド……3.5g
- イランイラン……0.5g
- オレンジ……1g

桜の塩漬けの塩……5g
ピンククレイ（モンモリロナイト）……1.5g

[必要な道具]

- p.12〜13で紹介した基本の道具一式
- 石けんの型（縦67×横130×高58mm）
- プラカップ、紙コップ
- プラスチックスプーン（大、小）

生地を作る

1 「基本の作り方」（p.16〜）の1－4までの手順に従い苛性ソーダ水を作り、桜の塩漬けの塩を加える。

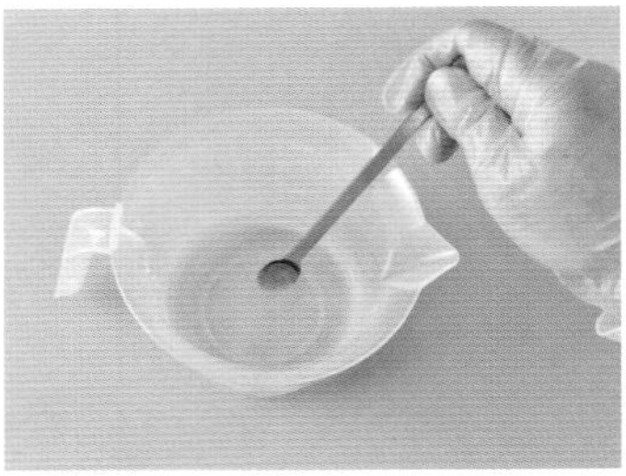

2 よく混ぜ合わせ、塩を溶かす。

3 「基本の作り方」の2－1〜3－2までの手順に従いオイルと精油を合わせ、2を加えて混ぜる。

POINT このとき、溶け切っていない沈殿した塩は加えないようにする。

色づけする

4 「基本の作り方」の4－2〜4までの手順に従い、トレースを出す。

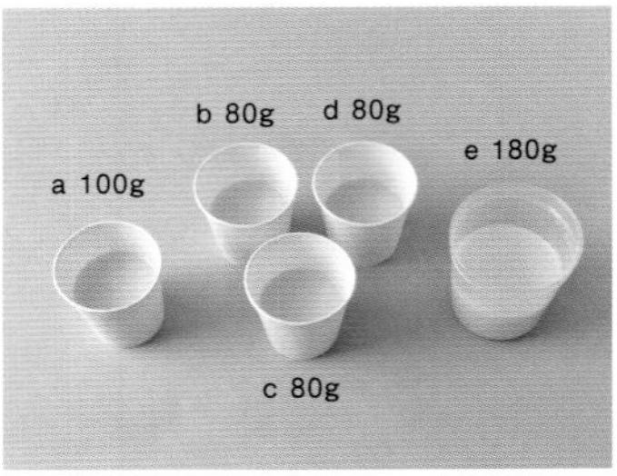

5 4の生地をa.100g、b〜d.80g、e.180gの5つに取り分ける。

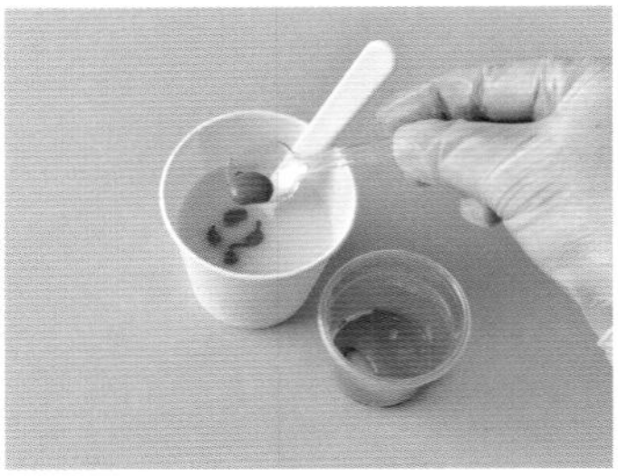

6 材料表にあるいずれかのオイル少量（分量外／常温で液体状のもの）でピンククレイを溶き、a〜dの生地に加えて色づけする。このとき、a→dの順で色が薄くなるように量を調整する。

型に流す

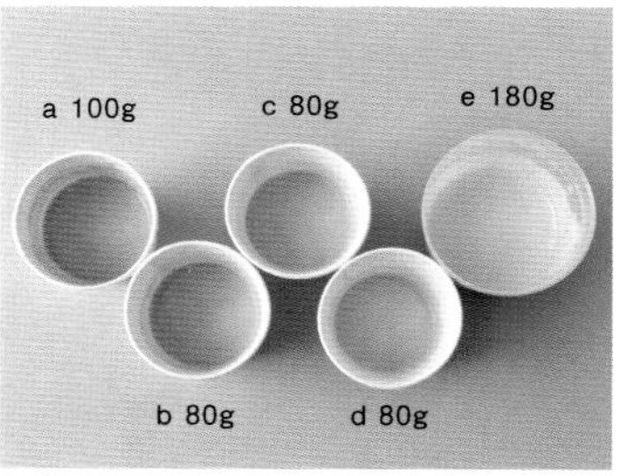

7 a→dの順に色が薄くなるよう色づけができた。eは色づけしない。

8 生地の色の濃い順に層ができるよう、型に流し込んでいく。まずaを全面に流し込む。

9 次にbを型の右側面に伝わせながら、右半分に流し込む。

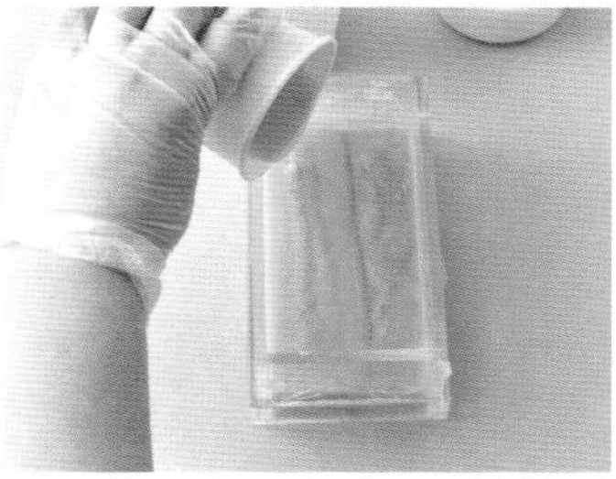

10 続いてcを型の左側面に伝わせながら、左半分に流し込む。

11 さらにdを型の右側面に伝わせながら、右半分に流し込む。

12 最後にeを左側面から右側面へと全面に流し込む。このとき、生地がかたよらないよう、手を動かしながら流す。

型から出し、カットする

13 生地を全部流したら、表面に波ができるようにスプーンで整える。

14 表面を整えたら、「基本の作り方」の5－6の手順に従い、保温する。

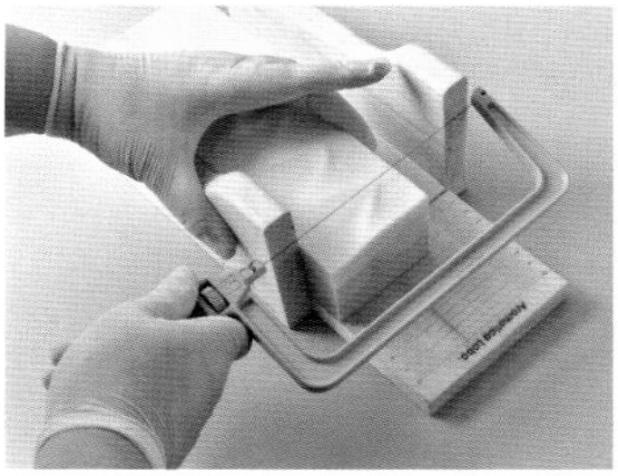

15 24時間以上保温したら、「基本の作り方」の6以降の手順に従い、カット→乾燥、熟成させる。

母の日のバラソープ ［p.97］

※精油は1種類でもOK。3g程度でも十分香ります。

［ 材料 ］

オイル
- ハイオレイック ひまわり油……150g
- パーム油……90g
- パーム核油……125g
- 米ぬか油……15g

精製水……100g

苛性ソーダ……51.8g

精油
- ラベンダー……2g
- ゼラニウム……1g
- マジョラム……2g

a.ウルトラマリンピンク……1g

b.赤（顔料）……1g

c.ウルトラマリンブルー……0.3g

d.酸化クロム……0.3g

［ 必要な道具 ］

- p.12～13で紹介した基本の道具一式
- グラシンカップ（直径45×高30mm）
- シリコンカップ（直径45×高30mm）
- プラカップ、紙コップ
- プラスチックスプーン（大、小）
- 口金（花用、葉っぱ用）
- しぼり袋

生地を作る

1 「基本の作り方」（p.16～）の4－4までの手順に従い、生地を作る。もったりとした強めのトレースにする。

土台の生地を色づけする

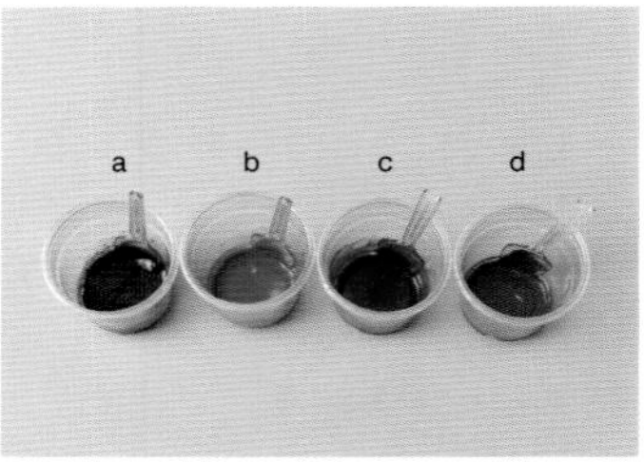

2 a.ウルトラマリンピンク、b.赤、c.ウルトラマリンブルー、d.酸化クロムを材料表にあるいずれかのオイル少量（分量外／常温で液体状のもの）で溶く。

3 1の生地の半量（約260g）をポリカップに取り分け、d.酸化クロムを加えて薄緑色に色づけする。これが土台の生地になる。

土台の生地を型に流す

4 シリコンカップにグラシンカップを重ねたものを3つ用意し、3をそれぞれ60～80gほど流し込む。このとき、中央が盛り上がる形状にする。

バラと葉っぱの生地を色づけする

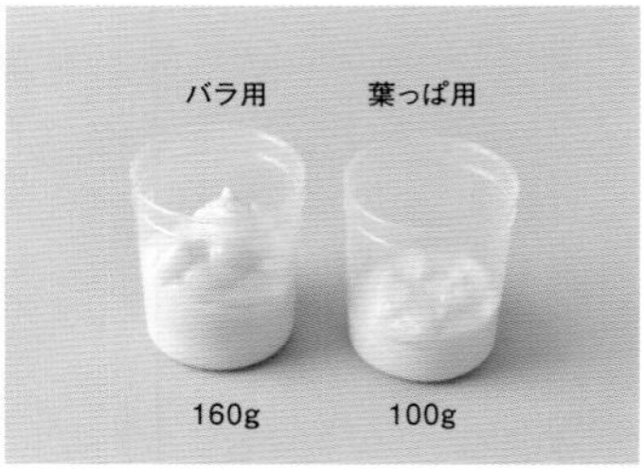

5 残り半分の生地を、バラ用の生地（約160g）と葉っぱ用の生地（約100g）に取り分ける。

6 バラ用の生地を濃ピンク30g、ピンク50g、白80g分に取り分け、それぞれ色づけする。

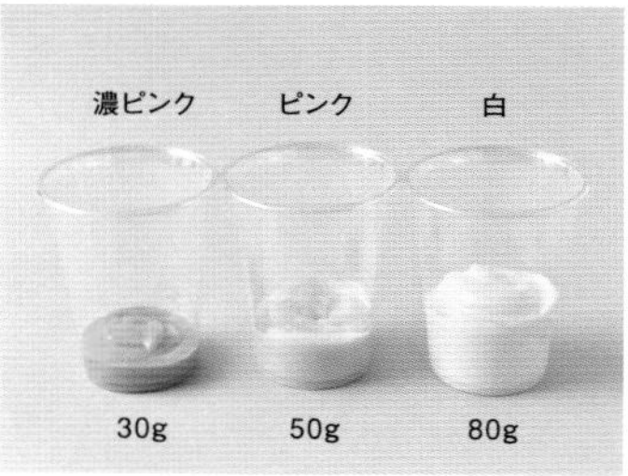

7 濃ピンクはa+b、ピンクはbで色づけする。白は色づけしない。

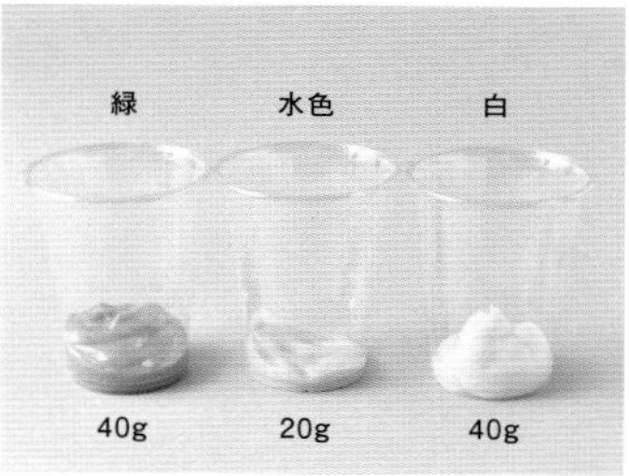

8 葉っぱ用の生地は緑40g、水色20g、白40g分に取り分け、緑はd、水色はcで色づけする。白は色づけしない。

しぼり袋に生地を詰める

9 バラ用と葉っぱ用の口金を用意し、しぼり袋にセットする。

10 生地を入れた際に垂れてこないよう、口金の口をマスキングテープでふさぐ。

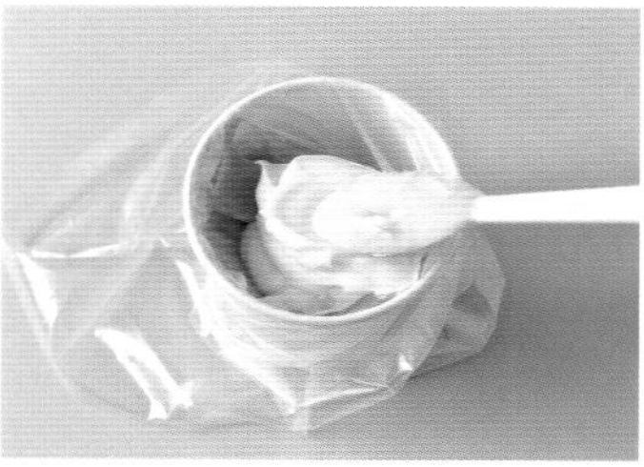

11 口金を下にしてしぼり袋を紙コップにセットし、バラ用の生地3つを袋の側面に縦に塗るように、スプーンで詰めていく。

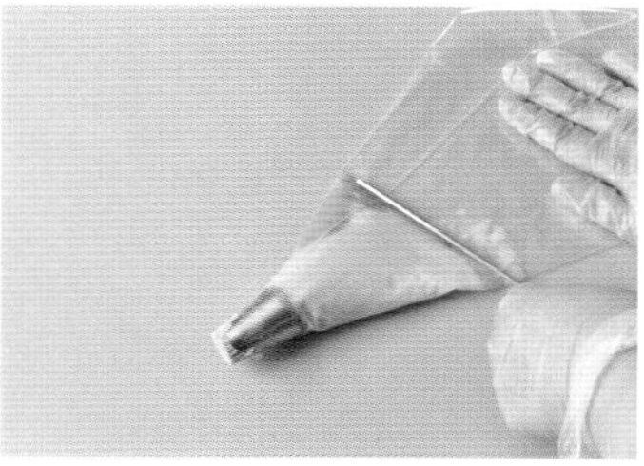

12 詰め終わったらスプーンの柄などで空気を抜きながら生地を袋の先端に集める。

デコレーションする

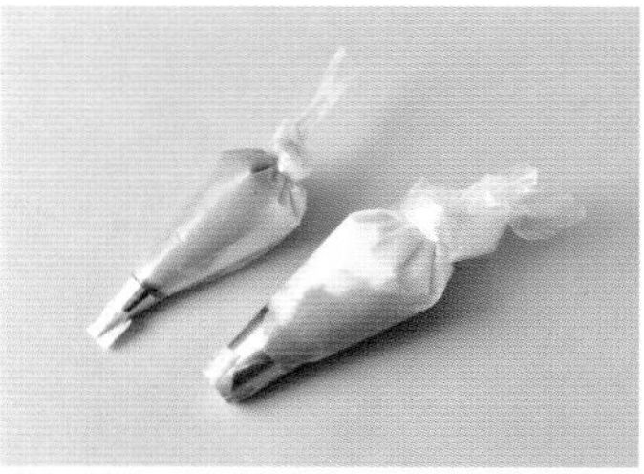

13 同様に葉っぱの生地もしぼり袋に詰め、袋の余分な部分はしばる。

14 13がしぼれるかたさになったら、土台の石けんにバランスよくバラをしぼる。

POINT 生地がやわらかくてしぼれない場合は少し時間を置くか、温めてしぼれるかたさになるまで待つ。クッキングシートの上で少し練習すると◎。

15 続いて葉っぱの生地を隙間を埋めるようにしぼり、「基本の作り方」の5－6以降の手順に従い、保温→乾燥、熟成させる。

POINT 保温時は箱などにそのまま入れて保温。使用の際はカップをはがす。

父の日のリキッドソープ ［ p.97 ］

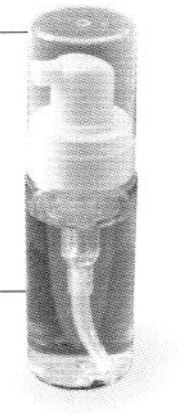

※精油は1種類でもOK。

［ 材料 ］

オイル
- 米ぬか油……………………60g
- ココナッツ油………………90g
- ヒマシ油……………………100g

精製水………………………125g

苛性ソーダ（けん化率100%）…37.4g

精油
- サイプレス…………………1滴
- ペパーミント………………1滴

精製水（石けんを溶かす用）………40g

［ 必要な道具 ］

- p.12～13で紹介した基本の道具一式
- 使い捨ての型（縦65×横125×高60mm）
- 石けんの型（縦67×横130×高58mm）
- 泡タイプのポンプ容器（50mℓ）

生地を作る

1 「基本の作り方」の（p.16～）の4ー4までの手順に従い、石けん生地を作る（3「オイルに精油を加える」は省略）。

型に流す

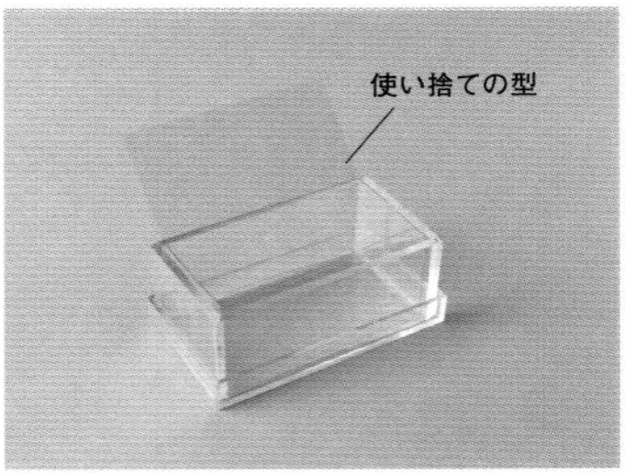

2 使い捨ての型を用意する。このとき、写真のように外側にアクリル製の型を重ねると形がきれいに仕上がる。

POINT アクリル製の型では型出しの際に石けんが離れにくいため、使い捨てかシリコン製の型を使用する。

3 型に生地を流し、「基本の作り方」の5ー6の手順に従い、保温する。

型から出し、カットする

4 24時間以上保温したら、型をはがして石けんをラップで包み、半月ほど熟成させる。

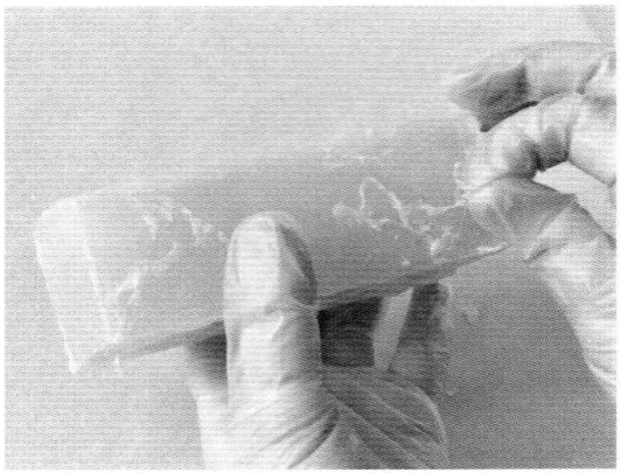

5 熟成できたらラップをはがす。時間を置くと石けんに白い皮膜ができることがあるので、その場合は手で取り除く（そのまま溶かすと液体中に膜が残ってしまうため）。

6 さらに表面が白くなっている場合は包丁でカットし、発色がよい中の部分だけを使うようにする。

精製水を加えて溶かす

7 石けんを適当な大きさにカットし、10g用意する。

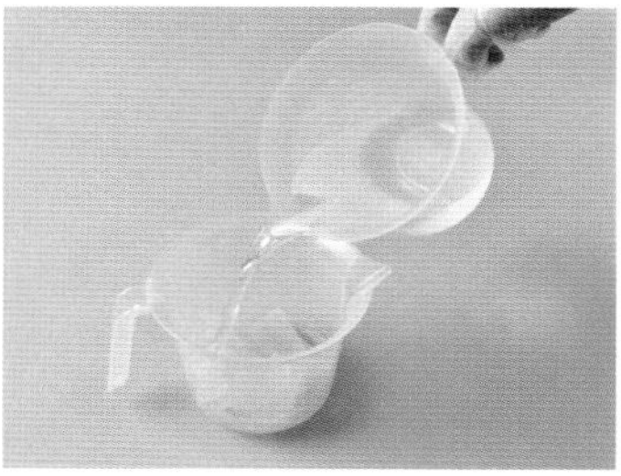

8 7に精製水を40g加える。時々混ぜながら、石けんを液状に溶かす。

9 石けんが溶けたら、精油を加える。

POINT　このとき、石けん用リキッドカラー(p.66)などで色づけしてもよい。

ポンプ容器に入れる

10 泡で出るタイプのポンプ容器に入れ、完成。

memo

使い捨ての型は、組み立て式の簡易な石けんの型です。PET素材などの場合が多く、安価なため、初心者の方も手に取りやすいでしょう。通販サイトなどで購入できます。透明な型なので、デザイン石けんを作る際などにもおすすめです。

手作りCPソープ

Q&A

Q.石けんが型から抜けないときは?

A.ビニールに包み、お湯につけてみて。

アクリル製の型で石けんを作った場合、生地がかたくなりすぎて型からなかなか抜けないことがあります。そんなときは、石けんにラップをしたまま、濡れないように薄いビニール袋などに入れ、50〜60℃のお湯に5分ほどつけてみてください。こうすると石けんのまわりがやわらかくなり、型出ししやすくなります。逆に生地がやわらかすぎる場合も型から抜けないので、その際は生地がかたくなるまで、様子を見つつ乾燥させましょう。

7月

爽やかな夏の日に

すいかソープ

How to make >>>p.106

初夏を感じるかわいいすいか石けんには、
マジョラムなどの精油で甘い香りをプラス。
皮の縞模様まで描いた再現度に、
思わずかぶりついてしまいそう？

8月

色とりどりの炎がゆらめく

あずきソープ

How to make >>>p.108

あずきと竹炭で色づけした
あずきソープは、お盆をイメージした
炎をプラスして風流なデザインに。
たっぷりの泡で、夏のベタつきを
洗い流してくれます。

9月

夜空に輝くまん丸お月さま

お月見ソープ

How to make >>>p.110

夜の海を表現した紺色の世界に、
眩しい満月が輝く石けん。
心落ち着くフランキンセンスの香りを加え、
秋の夜長にリラックスした
時間をもたらします。

すいかソープ [p.104]

※精油は1種類でもOK。3g程度でも十分香ります。

[材料]

オイル
- ハイオレイックひまわり油 ……140g
- ココナッツ油 ……120g
- パーム核油 ……120g

精製水 ……100g

苛性ソーダ ……56.3g

精油
- マジョラム ……2g
- オレンジ ……2g
- フランキンセンス ……1g

a.竹炭（種、縞用） ……0.5g
b.酸化クロム ……0.3g
c.赤（顔料） ……0.2g
d.ヨモギパウダー ……3g
e.ピンククレイ（モンモリロナイト）……2g
石けん粘土 ……8g

[必要な道具]

- p.12〜13で紹介した基本の道具一式
- シリコン製の型（直径16×高30mm）
- プラスチックのトレイ
- 茶こし
- プラカップ
- プラスチックスプーン（大、小）
- 竹串

すいかの種を作る

1 「石けん粘土の作り方」(p.27)の手順に従い石けん粘土を8g用意する。竹炭少量をよく練り込み、黒色の生地を作る。

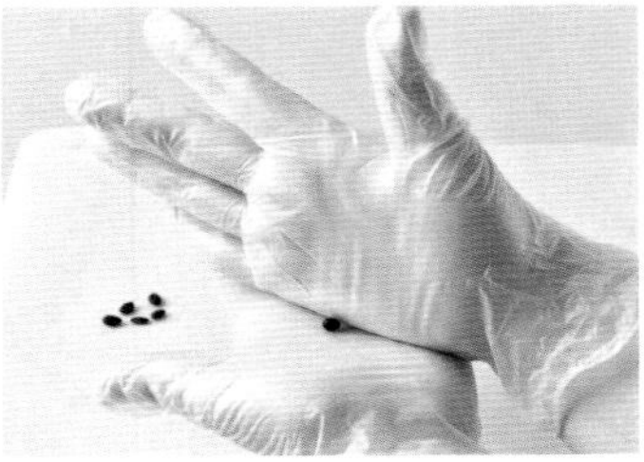

2 手で小さく丸めて、すいかの種を30粒ほど作る。

生地を作る

3 「基本の作り方」の（p.16〜）の4－4までの手順に従い、石けん生地を作る。

色づけする

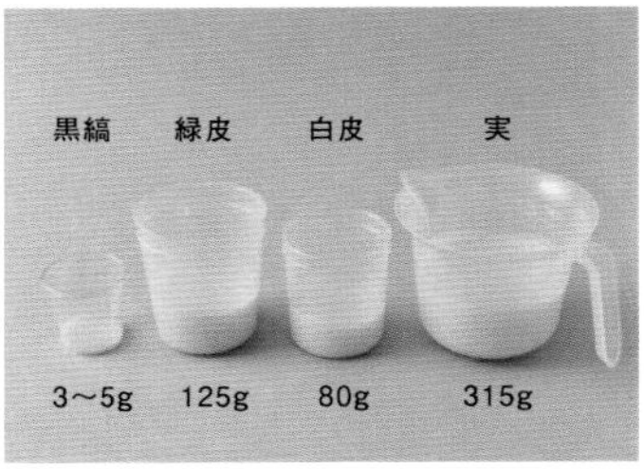

4 3の生地を黒縞用3〜5g、緑皮用125g、白皮用80g、実用315gに取り分ける。

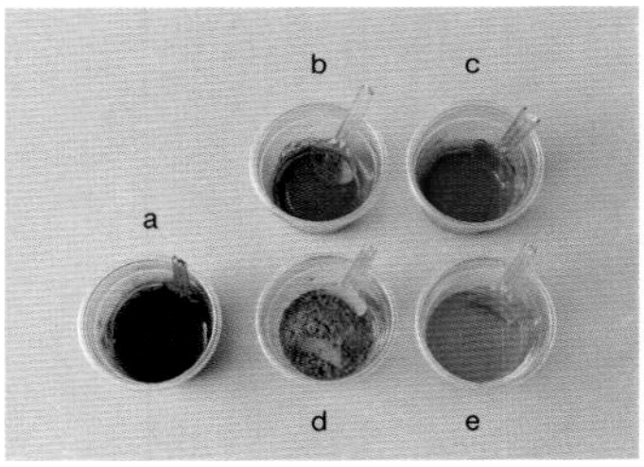

5 a.竹炭、b.酸化クロム、c.赤、e.ピンククレイを材料表にあるいずれかのオイル少量（分量外／常温で液体状のもの）で溶く。d.ヨモギパウダーも用意する。

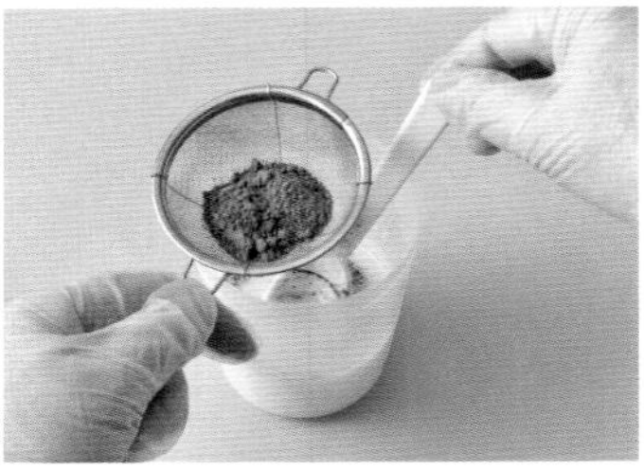

6 4で取り分けた緑皮用の生地に、d.ヨモギパウダーを茶こしでダマにならないように振り入れ、さらにb.酸化クロムを加えて緑色の生地を作る。

型に流す

7 残りの生地にも5を加え、黒縞用はa、実用はc＋eでピンクに色づけする。白皮用は色づけしない。

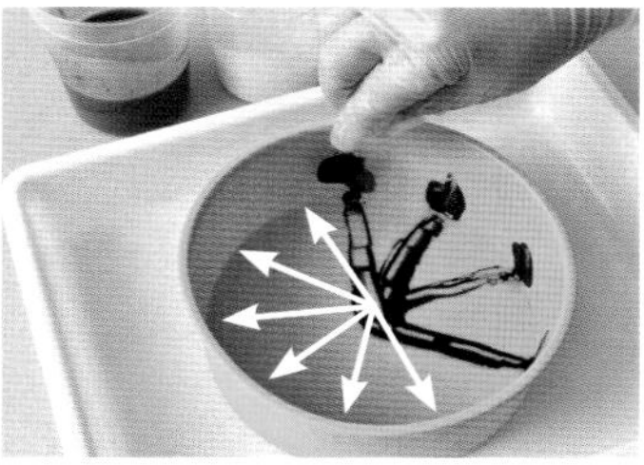

8 黒の生地をスプーンの皿の裏につけ、シリコン製の型に中心から外側に向かって縞を10本描く。

POINT シリコンモールドはトレイなどに入れて作業すると、持ち運ぶ際などに型がゆがまずスムーズ。

9 縞が描けたら緑の生地（緑皮）を型の中心に流し込み、トレイごと持ち上げて軽く上下に落として表面を平らにならす。

10 9の中心に白の生地（白皮）を流し込み、同様に表面を平らにならす。

11 続いて10の中心にピンクの生地（実）を流し込み、同様に表面を平らにならす。

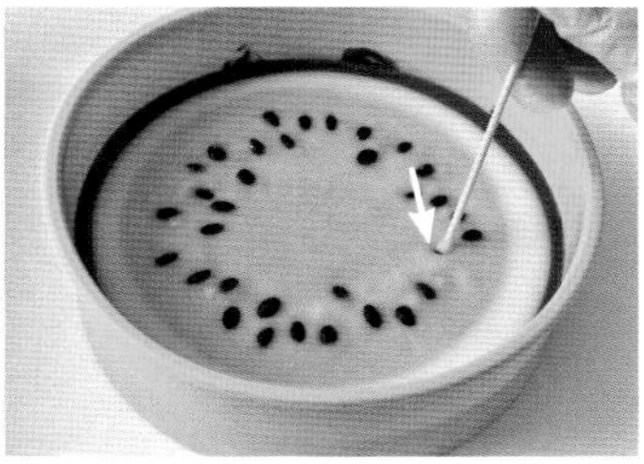

12 表面を平らにならしたら、2の種をぐるりと並べ、竹串で生地の中に沈める（好みにより、種は沈めず仕上げてもOK）。

POINT 種を沈める場合は、深さをそれぞれ変えるように意識する。

型から出し、カットする

13 種を沈めたら、「基本の作り方」の5－6の手順に従い、保温する。

14 24時間以上保温したら型から出す。8等分にカットし、表面を薄くカットしたら「基本の作り方」の7以降の手順に従い、乾燥、熟成させる。

Arrange

すいかの実を酸化鉄黄色（0.1g）とレッドパーム油（4g）で色づけすると、ポップな黄色のすいかが完成！

あずきソープ [p.105]

※精油は1種類でもOK。3g程度でも十分香ります。

[材料]

オイル
- オリーブ油 ……… 200g
- ココナッツ油 ……… 85g
- パーム油 ……… 80g
- ヒマシ油 ……… 15g

精製水 ……… 100g

苛性ソーダ ……… 50.7g

精油
- ベチバー ……… 1g
- ラベンダー ……… 2g
- ベルガモット ……… 2g

a.ウルトラマリンブルー 0.2g

b.酸化クロム ……… 0.2g

c.酸化チタン ……… 0.2g

d.キャンディカラーイエロー… 0.2g

e.赤（顔料） ……… 0.2g

f.竹炭 ……… 1g

g.あずきパウダー ……… 5g

[必要な道具]

- p.12～13で紹介した基本の道具一式
- 石けんの型（縦45×横250×高85mm）
- プラカップ、紙コップ
- プラスチックスプーン（大、小）
- 茶こし

生地を作る

1 「基本の作り方」（p.16～）の4－④までの手順に従い、石けん生地を作る。

色づけする

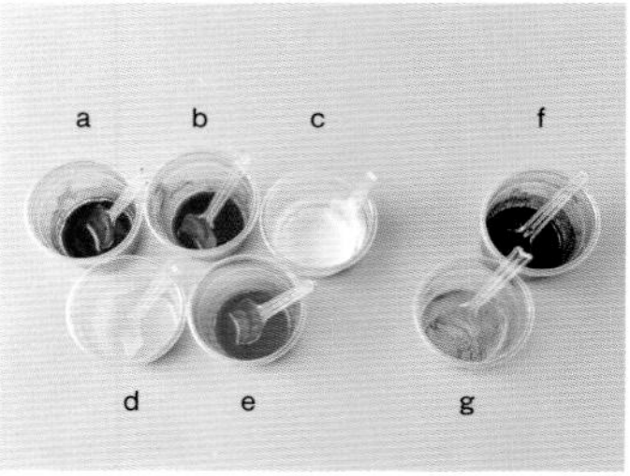

2 a～fの材料を材料表にあるいずれかのオイル少量（分量外／常温で液体状のもの）で溶く。g.あずきパウダーも用意する。

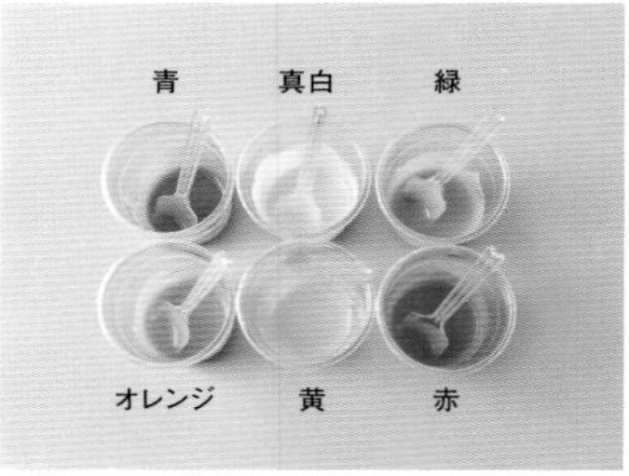

3 6つのカップに①の生地を8gずつ取り、青、真白、緑、オレンジ、黄、赤の生地作る。青はa、真白はc、緑はb、オレンジはd+e、黄はd、赤はeで色づけする。

4 残りの生地にg.あずきパウダーを茶こしで少しずつダマにならないように振り入れ、混ぜる。

5 ④にf.竹炭を加えて混ぜ、グレーに色づけする。

ベースの生地を型に流す

6 ⑤のベース生地を型の⅓まで流し込み、表面を平らにならす。

12月

冷えた手足を温める

柚子ソープ

How to make >>>p.118

血行を促す効果のある
ドライ柚子を混ぜ込んだ柚子ソープ。
冷えた手足を温めて、柚子の爽やかな
香りが心地よいバスタイムを
演出してくれます。

かぼちゃソープ [p.112]

[材料(2つ分)]

石けん粘土 ……………………… 100g

実用

- レッドパーム油 ………………… 5g
- 酸化鉄黄色 ……………………… 0.2g

ヘタ用

- ココアパウダー ………………… 1g
- ゴールドマイカ ………………… 少々

[必要な道具]

- 粘土ヘラ
- 竹串
- ボールペン
- はさみ

石けん粘土を作り、色づけする

1 「石けん粘土の作り方」(p.27)の手順に従い石けん粘土を作り、レッドパーム油と酸化鉄黄色で90gを色づけする。

2 同様にヘタ用の生地も10g色づけし、2色の石けん粘土を作る。

かぼちゃの実を作る

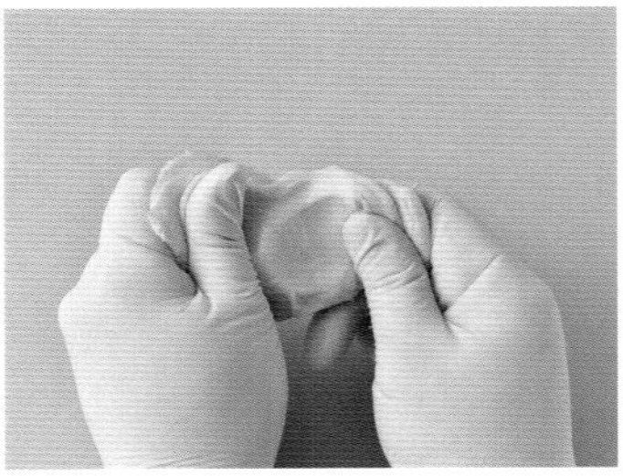

3 実の生地を半量(45g)取り分け、なめらかになるまでよく揉み込む。

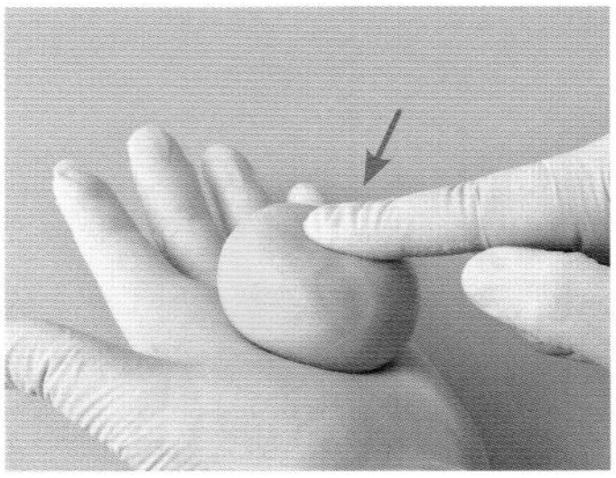

4 生地をかぼちゃの形に丸め、中心を指で軽く押してくぼみを作る。

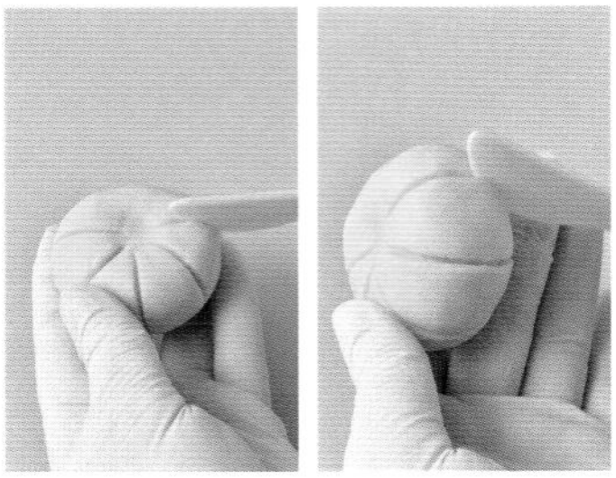

5 粘土ヘラを使い、上から下へぐるりとかぼちゃの筋を入れる。

POINT 1回ごとに濡れタオル(ティッシュ)でヘラを拭くときれいに仕上がる。

6 全面にかぼちゃの筋模様ができた。

かぼちゃのヘタを作る

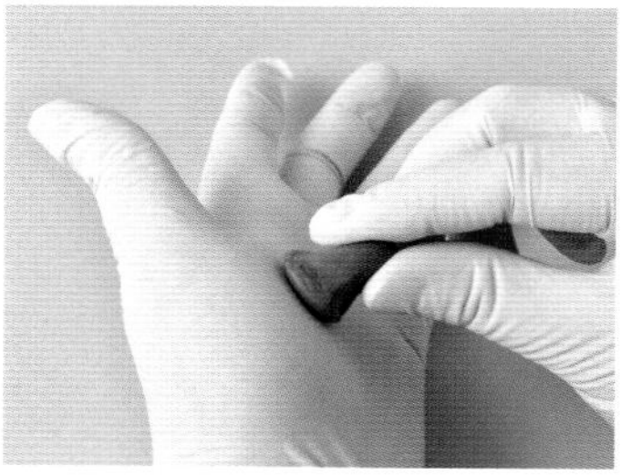

7 次に、ヘタ用の生地を半量（5g）取り分け、手のひらに押しつけるようにして形を作る。

ヘタを実につける

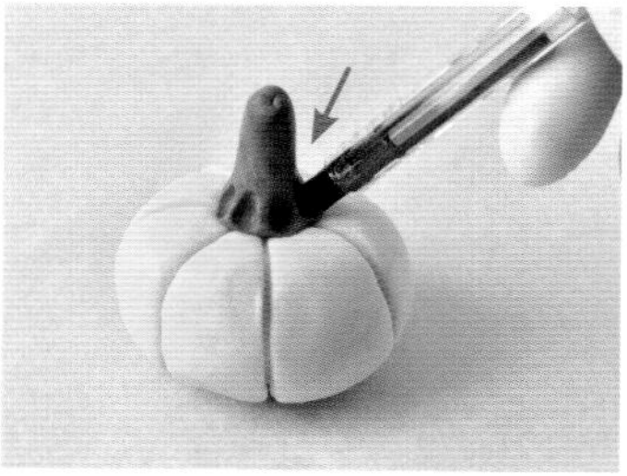

8 4で作った実のくぼんだ部分にヘタを乗せ、ボールペンなど丸みのあるもので押しつけて接着する。

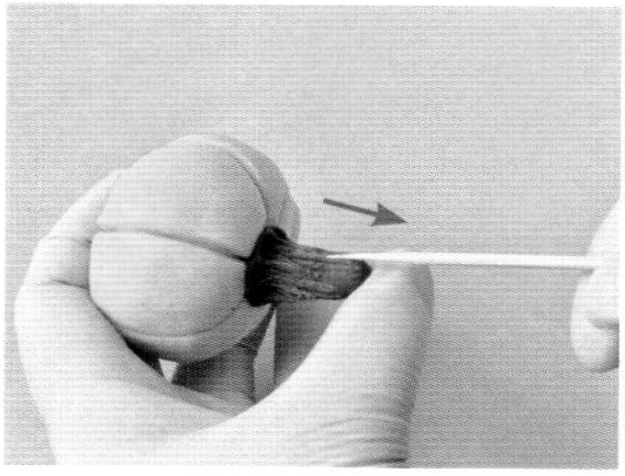

9 実にヘタがついたら、竹串で下から上に向かってヘタに筋を入れる。

10 1周筋を入れたら、ヘタの先端をはさみで斜めにカットする。

11 カットした断面に竹串を軽く刺し、小さな穴をあける。

12 「基本の作り方」（p.16〜）の7以降の手順に従い、乾燥、熟成させる。

●Arrange●

かぼちゃを緑色に変身

実の色を酸化クロム（1g）と竹炭（0.6g）で色づけすれば、緑色のかぼちゃに。黄色のかぼちゃとセットで作ってもかわいい！

きのこと落ち葉ソープ [p.112]

[材料（きのこ2つ分）]

石けん粘土 ………………………… 50g
好きな色生地 ……………… 30〜50g
白色の生地 ………………………… 少々
＊色生地は余りものでOK

[必要な道具]

- 円柱型のボトルなど
- 竹串
- スポンジ
- 紙コップ
- プラスチックスプーン（大）
- しぼり袋
- 葉っぱ用の口金
- マスキングテープ

石けん粘土を作る

1 「石けん粘土の作り方」（p.27）の手順に従い、石けん粘土を作る。

きのこのかさを作る

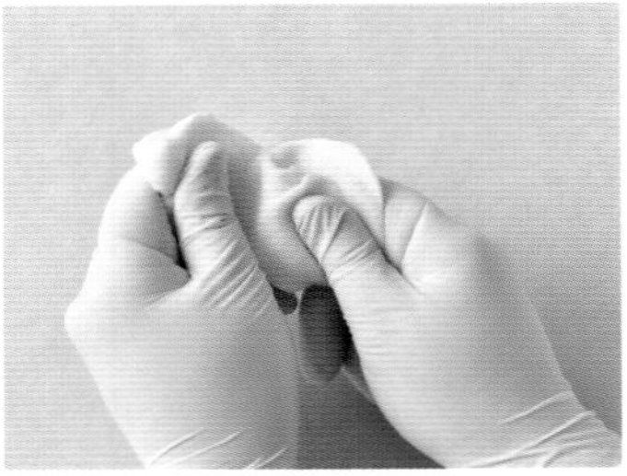

2 石けん粘土を半量（25g）取り分け、なめらかになるまでよく揉み込む。

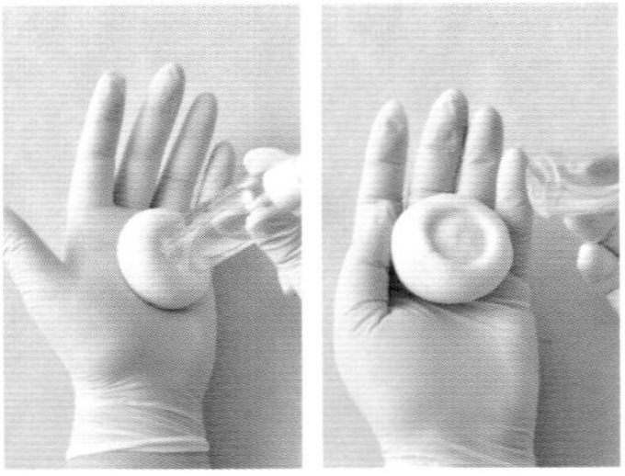

3 2の$\frac{2}{3}$の量の生地を平たく丸めてきのこのかさを作り、中心に円柱のボトルなどを押し当ててくぼみを作る。

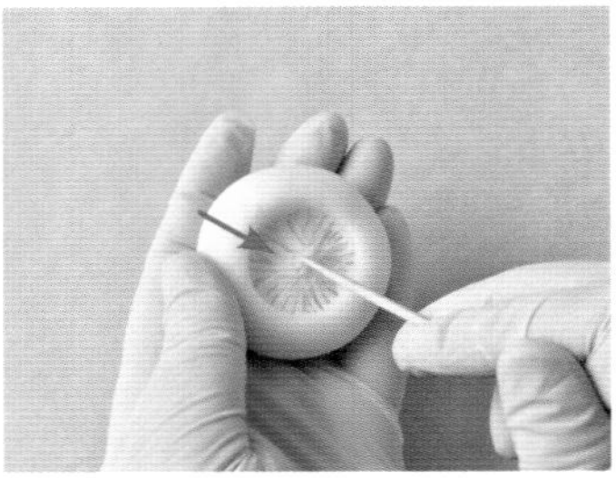

4 竹串でくぼみにひだを描く。外側から中心に向かって、全面に描いていく。

きのこの軸を作る

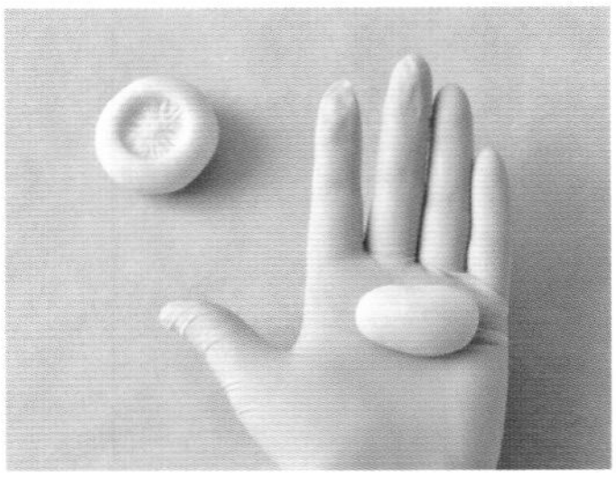

5 残り$\frac{1}{3}$の生地を縦長に丸め、きのこの軸を作る。

軸をかさにつける

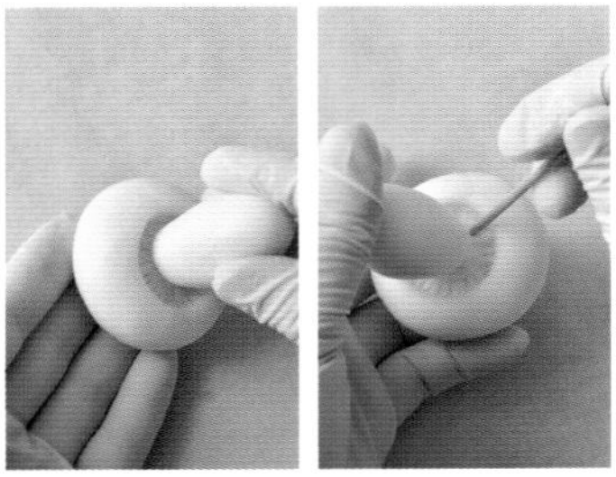

6 かさに軸をぐっと押しつけ、かさと軸の境目を竹串で筋を書き足すようにしながらくっつける。

POINT つきにくいときは、接着面に少し水を塗るとよい。

炎の模様を作る

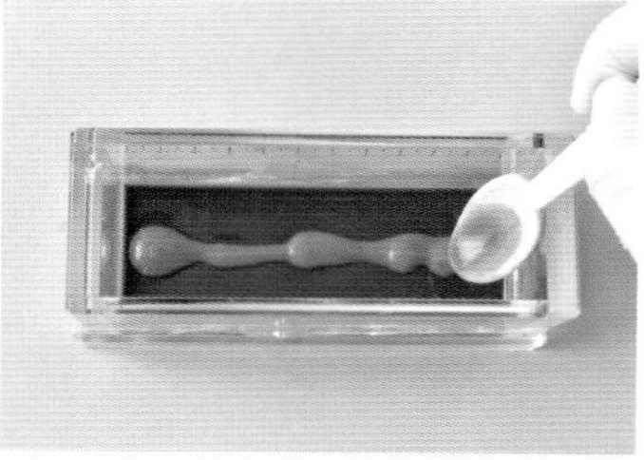

7 [3]で作った青の生地を[6]の中心に垂らす。このとき、生地が盛り上がるようなら、１色入れるごとに型を上下に落として平らにならす。

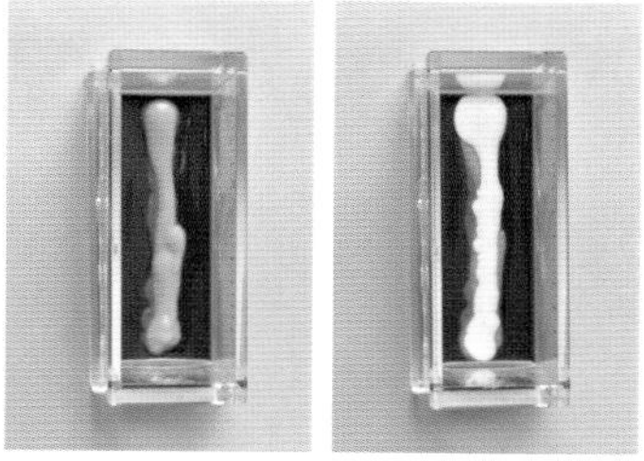

8 青の生地の上に緑の生地を重ね、その上に真白の生地を重ねる。

POINT きれいな形の炎を作るために、色生地は少しずつのせる量を減らし、先細りになるよう調整するとよい。

9 真白の生地の上にオレンジの生地を重ね、その上に黄の生地を重ねる。

ベースの生地を重ねる

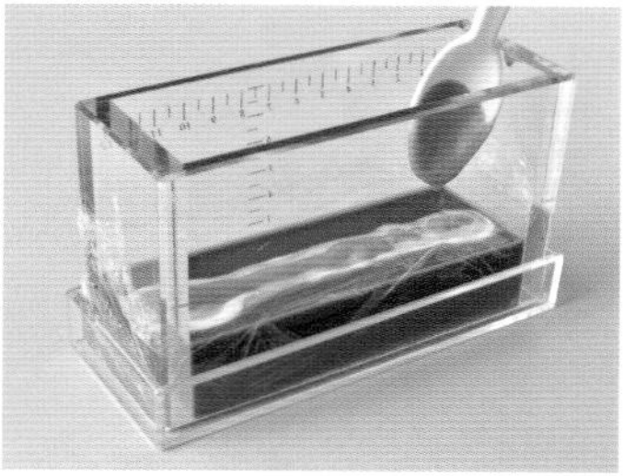

10 最後に赤の生地を重ねる。

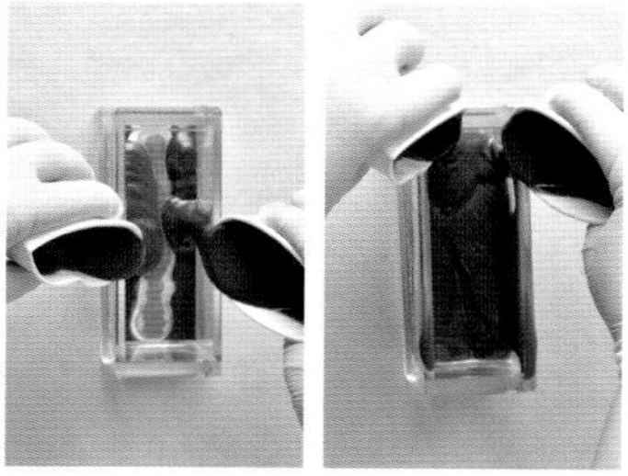

11 残りのベースのグレーの生地を紙コップ２つに取り分け、[10]の上に両サイドから流し込む。

12 生地をすべて流し込んだら、表面に波ができるようにスプーンで整える。

型から出し、カットする

13 表面を整えたら、「基本の作り方」の５－[6]の手順に従い、保温する。

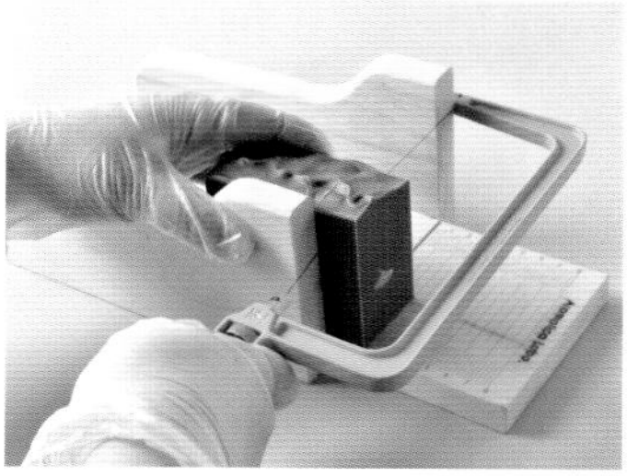

14 24時間以上保温したら型から出し、「基本の作り方」の６以降の手順に従い、カット→乾燥、熟成させる。

•Arrange•

ベースの生地に竹炭を加えず、あずきパウダーだけで色づけすると、やわらかい雰囲気に。

お月見ソープ [p.105]

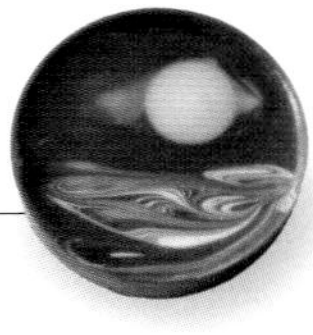

※精油は3g程度でも十分香ります。

[材料]

オイル
- ツバキ油……90g
- ハイオレイックひまわり油……80g
- パーム油……80g
- パーム核油……120g

精製水……98g

苛性ソーダ……50.6g

精油
- フランキンセンス……5g

a.竹炭……2g

b.ウルトラマリンブルー……1g

c.酸化チタン……0.5g

d.キャンディーカラーイエロー……0.3g

e.レッドパーム油……2g

[必要な道具]

- p.12～13で紹介した基本の道具一式
- 石けんの型（直径60×高50mm）
  ＊紙コップでもOK
- プラカップ
- プラスチックスプーン（小）
- 竹串

生地を作る

1 「基本の作り方」（p.16～）の4－④までの手順に従い、石けん生地を作る。

色づけする

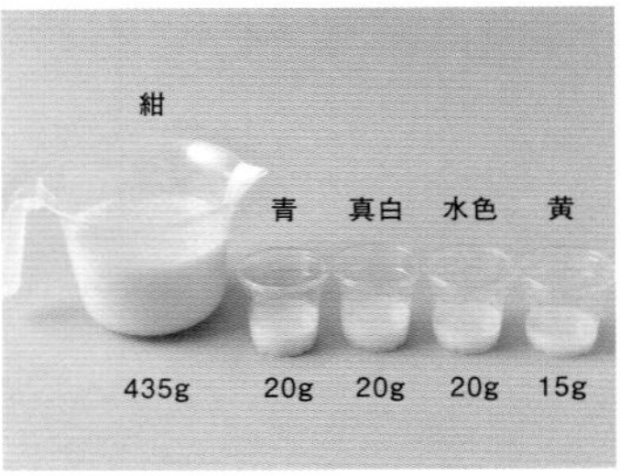

2 生地をベースの紺用435g、海の青用20g、海の真白用20g、海の水色用20g、月の黄用15gに取り分ける。

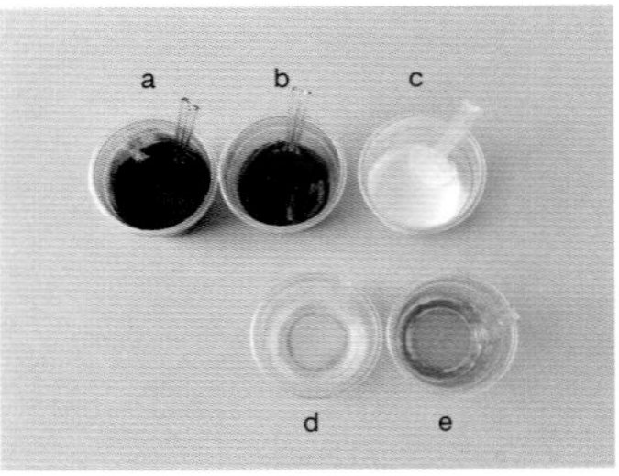

3 a～dの材料を材料表にあるいずれかのオイル少量（分量外／常温で液体状のもの）で溶く。e.レッドパーム油も用意する。

4 ②の生地に③を加え、紺、青、真白、水色、黄の生地を作る。紺はa＋b、青はb、真白はc、水色はb＋c、黄はd＋eで色づけする。

型に流す

5 型に紺の生地を40gほど流し込む。

海の絵を描く

6 表面の下⅓くらいの位置に真白の生地をスプーンで3滴ほど垂らす。

7 続いて青の生地を4滴ほど垂らす。

8 さらに水色の生地を5滴ほど垂らす。

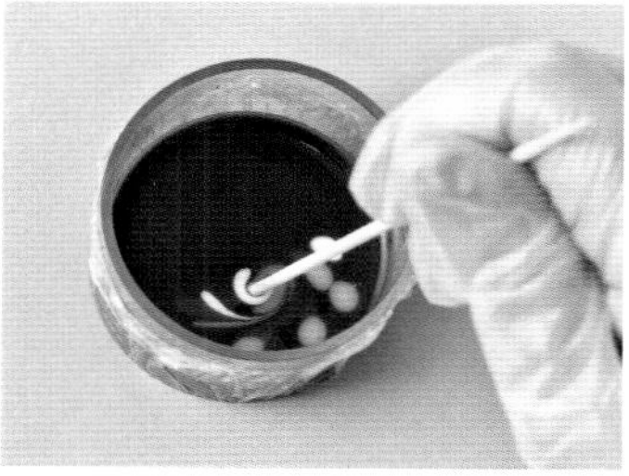

9 3色がマーブルになるように竹串でぐるりと混ぜる。

10 左右に竹串を動かして海の模様を作る。

雲の絵を描く

11 水色の生地をスプーンにつけ、薄く生地にのせて雲を描く。

月の絵を描く

12 雲の上に黄色の生地を丸く垂らし、月を描く。

13 「基本の作り方」の5－⑥以降の手順に従い、保温→型出し→乾燥、熟成させる。

•Arrange•

空の色を鮮やかなピンクに

ベースの生地をウルトラマリンピンク（0.5g）で色づけ。鮮やかなピンクの空が神秘的で、心が軽くなりそうな雰囲気です。

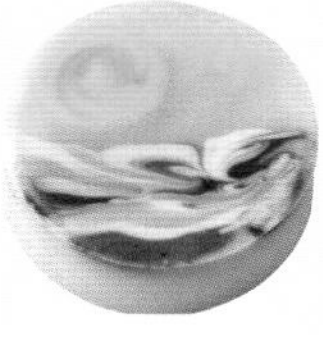

10月

実りの秋に贈りたい

かぼちゃソープ

How to make >>>p.114

コロンとしたフォルムがかわいい
かぼちゃソープ。石けん粘土を使い、
和菓子の練り切りのように形を作ります。
実りの秋をイメージさせる
デザイン石けんです。

11月

余った材料で作れる

きのこと落ち葉ソープ

How to make >>>p.116

色彩豊かなきのこと
落ち葉の石けんは、
余った石けんの材料で
作ることが可能。
使い切りサイズの落ち葉石けんは、
行楽シーズンにもってこいです。

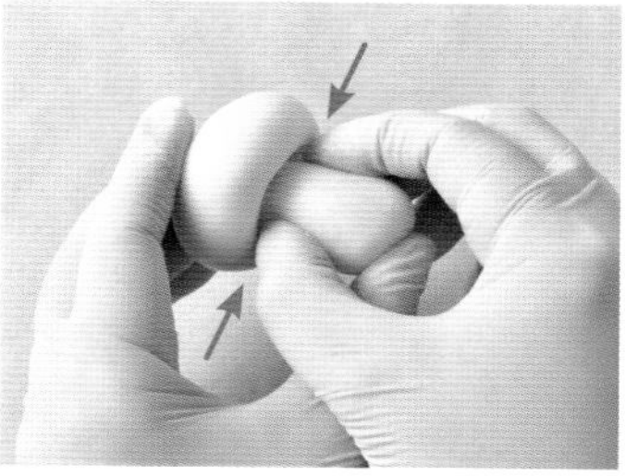

7 きのこの軸の上部を指でぐっと押してへこませる。こうすることでよりリアルな仕上がりになる。

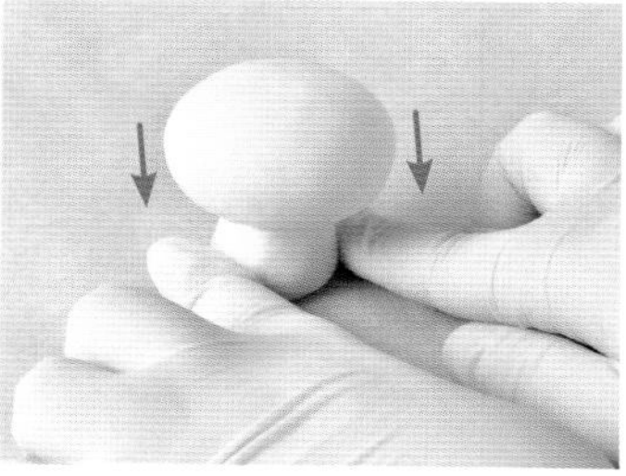

8 7を机など平面な場所に置き、軸の底を平面にして押し広げる。

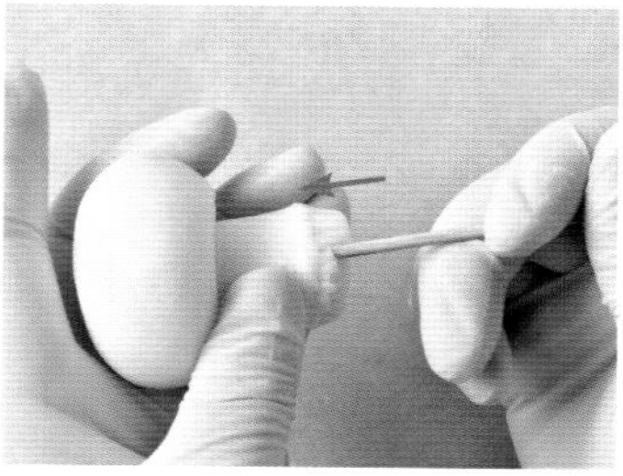

9 よりリアルに仕上げるなら、軸の下部に２段分の線（つぼ）を竹串で下から上へ描くとよい。

色づけする ＊ここから、他の石けん作りの際に余った色生地を使用。

10 同じ要領でもう1つ作ったら、竹串でスポンジに刺し、半日以上乾燥させる。

POINT かさと軸がしっかりくっつくまで乾燥させる。

11 半日以上乾燥させたら、好きな色生地（余った色生地でOK）にかさを浸して色づけする。

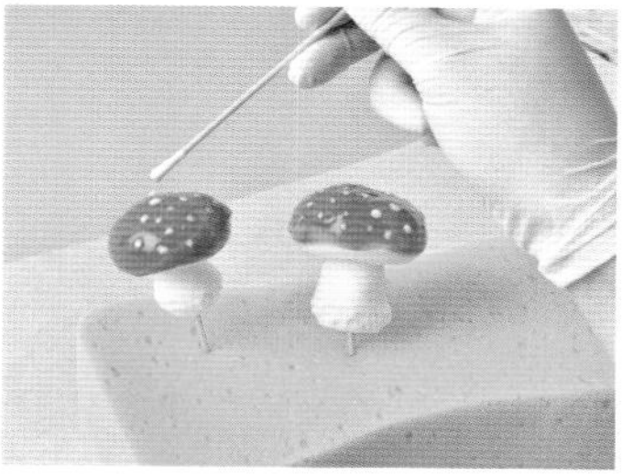

12 続いて酸化チタンで色づけした生地で白い斑点を描き、「基本の作り方」（p.16〜）の７以降の手順に従い、乾燥、熟成させる。

落ち葉を作る

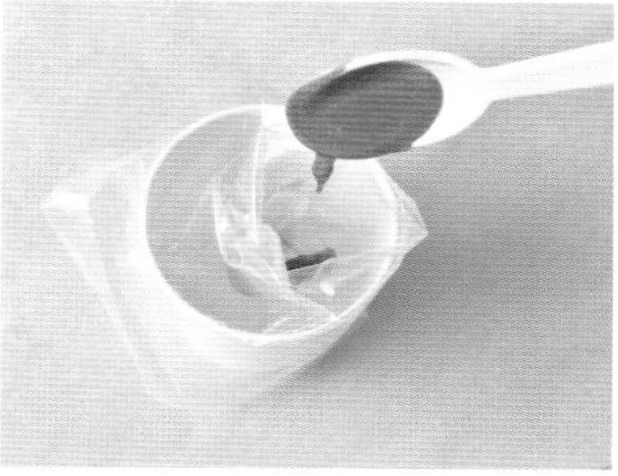

13 次に落ち葉の石けんを作る。「口金を使ったデコレーション」（p.26）を参考に、しぼり袋に余った色生地を適量入れる（ここでは赤と黄色の生地を使用）。

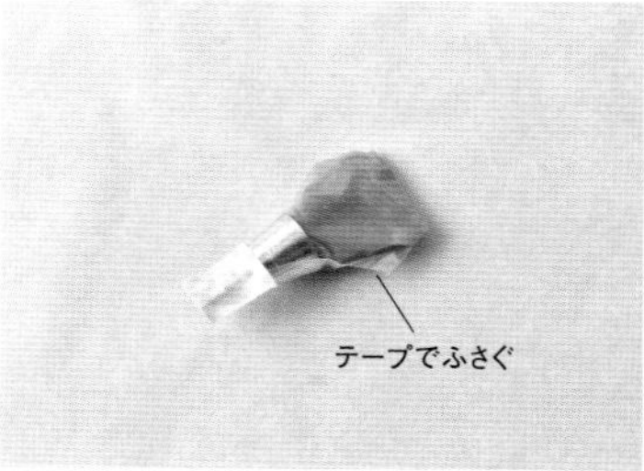

14 生地を入れたら袋の余分な部分をカットし、袋口をテープなどで止めてふさぐ。その後、生地がしぼれるかたさになったらクッキングシートの上にしぼり出し、「基本の作り方」の７以降の手順に従い、乾燥、熟成させる。

POINT 生地がやわらかくてしぼれない場合は少し時間を置くか、温めてしぼれるかたさになるまで待つ。

柚子ソープ

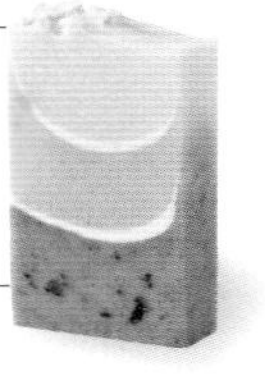

［ p.113 ］

※精油は3g程度でも十分香ります。

［ 材料 ］

オイル

- アボカド油……185g
- ココナッツ油……75g
- パーム油……75g
- ヒマシ油……35g
- ココアバター……10g

精製水……100g
苛性ソーダ……50.5g
精油
- 柚子……5g

a.酸化チタン……0.3g
b.ヨモギパウダー……2g
c.砕いた柚子フレーク…0.5g
d.レッドパーム油……5g
e.酸化鉄黄色……2g
柚子フレーク……1g

［ 必要な道具 ］

- p.12～13で紹介した基本の道具一式
- 石けんの型（縦45×横250×高85mm）
- プラカップ
- プラスチックスプーン（大、小）

生地を作る

1 「基本の作り方」（p.16～）の4－4までの手順に従い、石けん生地を作る。

色づけする

2 a、b、eの材料を材料表にあるいずれかのオイル少量（分量外／常温で液体状のもの）で溶く。c.砕いた柚子フレーク、d.レッドパーム油も用意する。

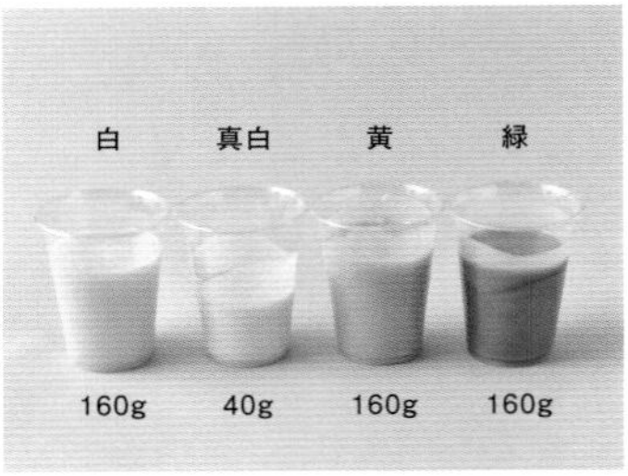

3 1を白160g、真白40g、黄160g、緑160g分に取り分ける。真白はa、黄はc+d+e、緑はbで色づけする。白は色づけしない。

型に流す

4 型に緑の生地を流し込む。

5 型の下に紙などを挟み込んで斜めにし、真白の生地半量を型の側面に伝わせながら半面くらいまで流し込む。

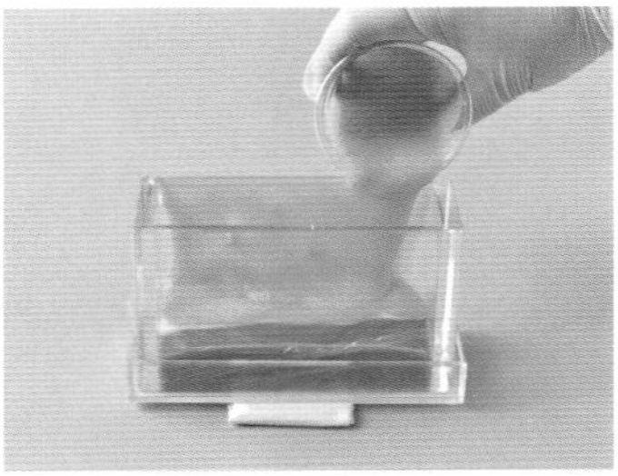

6 真白の生地に重ねるように、型の側面に伝わせながら黄の生地を流し込む。

POINT 黄の生地の重みで、真白の生地は自然と端まで流れていく。

7 5と同じ要領で、残りの真白の生地を流し込む。

8 最後に白の生地を流し込む。途中で型の下の紙をはずし、上面を白の生地で覆う。

9 白の生地をすべて流したら、スプーンで表面を平らにならす。

柚子フレークを散らす

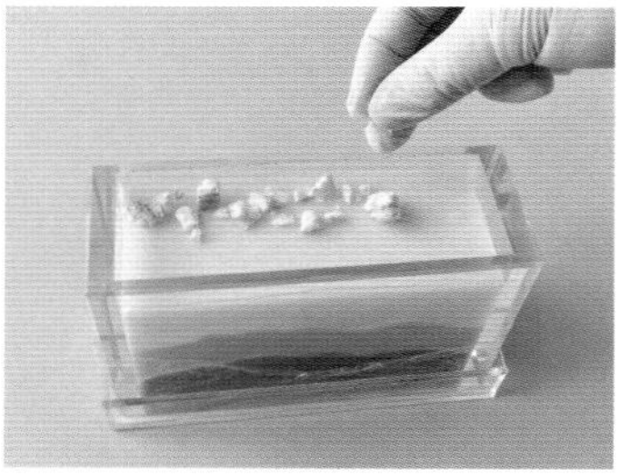

10 表面の片側に柚子フレークを散らす。

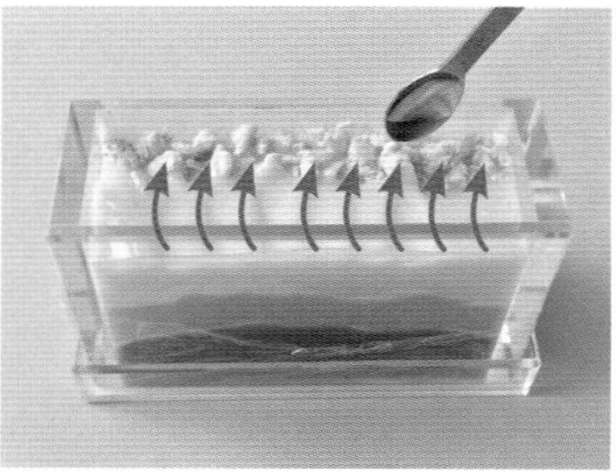

11 スプーンで下から上に引き上げるようにして模様をつけ、表面を整える。

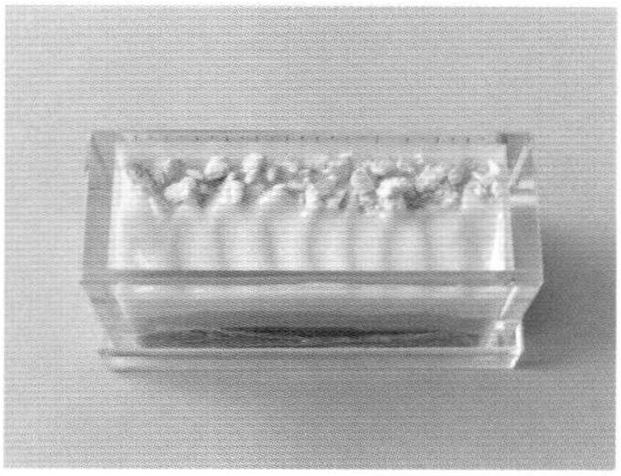

12 「基本の作り方」の5−6の手順に従い、保温する。

型から出し、カットする

13 24時間以上保温したら、「基本の作り方」の6以降の手順に従い、カット→乾燥、熟成させる。

POINT カットするときは寝かして切ると、カット面に柚子フレークによる傷がつきにくい。

手作りCPソープ Q&A

Q.手作り石けんは販売していいの？

A.無許可での販売は薬機法で禁止されています！

お肌や体に使う石けんは化粧品扱いとなるので、販売するには「化粧品製造販売業許可」が必要。許可なく販売すると、薬機法違反になります。雑貨扱いで洗濯用石けんとして販売する場合も、成分の表示など、さまざまな規約があるため、容易ではありません。まずは、自分や身近な人のための石けんとして、手作りを楽しんでみてください。

石けん作りに使う天然素材

石けんの仕上がりは、使用するオイルや精油、ドライハーブなどの材料によって大きく変わります。
それぞれの役割や特性を知り、石けん作りに役立てましょう。

Natural Materials

Oil

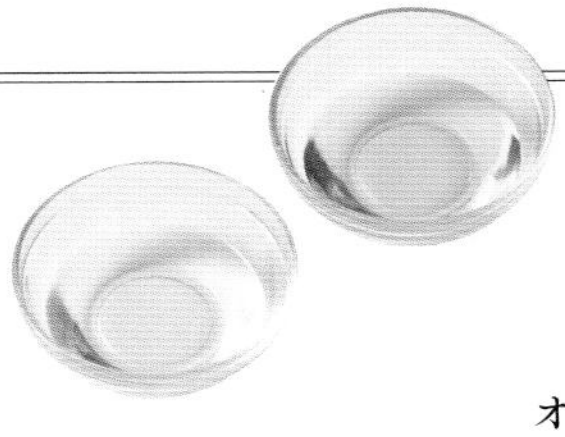

オイル（油脂）

オイルは石けん作りに欠かせない、重要な材料です。
使用するオイルとその配合によって、石けんの質感や泡立ち、洗浄力、
保湿力などの性質が大きく変わってきます。

オイルの特徴と脂肪酸

本書で使用しているオイルは、ほとんどが植物油。種子や果肉などから抽出して作られる天然のオイルです。オイルの特徴は、そのオイルに含まれる「脂肪酸」により左右されます。脂肪酸には「飽和脂肪酸」と「不飽和脂肪酸」があり、泡立ちや石けんのかたさなどに違いを生みます。

飽和脂肪酸の特徴

酸化しにくく、溶け崩れの少ないかたい石けんに仕上がる。肌へのはたらきは薄い。

[飽和脂肪酸の種類]

- ラウリン酸
- ミリスチン酸
- パルミチン酸
- ステアリン酸

不飽和脂肪酸の特徴

酸化しやすく、溶け崩れしやすいやわらかい石けんに仕上がる。洗い心地のよさと、肌へのはたらきがある。

[不飽和脂肪酸の種類]

- オレイン酸
- リノール酸
- リノレン酸
- パルミトレイン酸

保管と使用期限

オイルは熱や紫外線に弱く、保管場所が悪いと酸化が進み、劣化します。ものにもよりますが、開封後は2週間〜4か月以内を目安に使い切るとよいでしょう。保管は冷暗所に。また、一度出したオイルを元の容器に戻すのもNGです。使用前には、異臭がしないか確認しましょう。

Caution

オイルの注意点

ココナッツ油やパーム油などは、常温以下の環境では、固形状になります。固形になってしまった場合は、容器ごと湯せんなどにかけ、溶かしておくとよいでしょう。また、肌が敏感な方やアレルギーが心配な方は、事前にパッチテスト（p.122）を行っておくと安心です。

本書で使用しているオイルの特徴

オイルの種類	原料	主な特徴や効果	主成分	使用ページ
アボカド油	アボカドの果肉	ビタミンなどの栄養が豊富。洗浄力と保湿力が高い。マイルドな洗い上がり。浸透力に優れる。	オレイン酸	38, 40, 118
杏仁油	あんずの種子	肌質を選ばないが、特に乾燥肌向け。浸透力に優れ、さらりとしている。	オレイン酸	40, 94
オリーブ油	オリーブの果肉	保湿力と洗浄力が高い。洗い上がりしっとり。100%ピュアオイルがおすすめ。	オレイン酸	17, 32, 42, 48, 56, 57, 58, 78, 82, 92, 108
ココアバター	カカオの種子	乾燥肌向けで、保湿力が高い。溶け崩れしにくく、かたい石けんに。洗い上がりしっとり。	オレイン酸 ステアリン酸	92, 118
ココナッツ油	ココヤシの果肉	泡立ちがよく、洗浄力が高い。皮膚への刺激がやや強い。	ラウリン酸	17, 34, 42, 48, 50, 56, 57, 58, 60, 64, 66, 76, 81, 82, 90, 92, 98, 102, 106, 108, 118
ゴマ油、太白ゴマ油	ゴマの種子	ビタミンEやミネラルを豊富に含む。保湿力と洗浄力が高い。	リノール酸 オレイン酸	74, 76, 98
米ぬか油	米ぬか	さっぱりとした使用感で、洗い上がりしっとり。石けんが白く仕上がる。	オレイン酸 リノール酸	42, 46, 57, 60, 66, 72, 98, 100, 102
シアバター	シアの種子	保湿力が高い。乾燥肌、加齢が気になる肌におすすめ。溶け崩れしにくい。	オレイン酸 ステアリン酸	57, 90
スイート アーモンド油	アーモンドの種子	肌質を選ばない。保湿力が高い。浸透力に優れ、クリームのような泡立ち。	オレイン酸	34, 46, 48, 56, 64, 90, 92
ツバキ油	ヤブツバキの種子	保湿力と洗浄力が高い。洗髪にも向く。酸化しにくいが、溶け崩れしやすい。	オレイン酸	56, 64, 76, 90, 110
ハイオレイック ひまわり油	ヒマワリの種子	オレイン酸を多く含み、肌にやさしい。保湿力が高く、ビタミンEなどを含む。	オレイン酸	50, 60, 72, 100, 106, 110
パーム油	アブラヤシの果肉	保湿力が高い。溶け崩れしにくく、かたい石けんに。酸化しにくい。	パルミチン酸 オレイン酸	17, 32, 34, 38, 40, 42, 46, 48, 50, 72, 74, 76, 78, 82, 94, 98, 100, 108, 110, 118
パーム核油	アブラヤシの種子	ココナッツ油と性質が似ている。泡立ちがよい。	ラウリン酸	32, 34, 38, 40, 46, 48, 56, 57, 58, 60, 64, 72, 74, 78, 90, 94, 100, 106, 110
ヒマシ油	トウゴマの種子	保湿力が高く、泡持ちがよい。洗い上がりしっとり。特有の香りがする。	リシノール酸 （不飽和脂肪酸の一種）	32, 46, 58, 66, 78, 102, 108, 118
ホホバ油	ホホバの種子	植物性の液体ワックス。肌になじみやすく、保湿力が高い。酸化防止効果がある。	エイコセン酸 （不飽和脂肪酸の一種）	78
マカデミアナッツ油	マカデミアナッツの種子	浸透力に優れ、肌の再生を助ける。加齢が気になる肌におすすめ。酸化しにくい。	オレイン酸	32
みつろう	ミツバチの巣	保湿力が高く、炎症などをやわらげるとされる。酸化しにくくかたい石けんになる。	パルミチン酸	58
レッドパーム油	アブラヤシの果肉	未精製のパーム油で、赤色。カロテン、ビタミンEを含み、荒れた肌を保護する。	パルミチン酸 オレイン酸	57, 58, 110, 114, 118

Natural Materials

Essential oil

[精油]

石けんの香りづけには、精油（エッセンシャルオイル）を使います。
それぞれに香りの特性があることはもちろん、
どの精油を選ぶかによって、肌や心へのはたらきも異なります。

精油の役割

精油は、植物から抽出した芳香成分です。精油の芳香成分は嗅覚を通して情報が脳に伝わるので、心を落ち着かせたり、体調を整えたりする作用があります。好みに合わせ、心地よい香りを選びましょう。また、石けんに配合すると直接肌に触れるため、スキンケアにも役立ちます。

香りの特性

精油には約200もの種類がありますが、大きく分けて「柑橘系」「ハーブ系」「樹木系」「スパイス系」「樹脂系」「オリエンタル系」「フローラル系」の7種に分けることが可能です。さまざまな精油をブレンドすることで、さらに香りやはたらきを高めることができます （p.68）。

保管と使用期限

精油の使用後はふたをしっかり閉め、立てて保管を。直射日光と湿度を避け、冷暗所に保管します。使用期限は、開封後1年以内が目安。特に、柑橘系の精油などは成分変化が起こりやすいため注意が必要です。時間をおいて使用する場合は、事前に香りを確認しましょう。

使用前にパッチテストを

肌が敏感な方やアレルギーの心配がある方は、事前に石けん作りに使用するオイルと精油のパッチテストを行っておくと安心です。

[パッチテストの方法]

使用するオイル5mℓに精油1滴（0.05mℓ）を加えて1％以下の濃度に薄め、腕の内側に塗って1～2日間放置して、赤みやかゆみがないかを確認します。異常を感じた場合はすぐに大量の水で洗い流し、その精油は使用を中止しましょう。オイルのみパッチテストをする場合は、少量を腕の内側に塗り、同様の方法で確認します。

Caution

[精油の注意点]

- 精油は天然成分が濃縮されているため、使用量が多すぎると肌トラブルを引き起こすことがあります。レシピの分量は必ず守ること。また、原液を直接肌に塗らないこと。
- 療養中の方、妊娠中の方、高齢者、既往歴のある方、3歳未満の乳幼児など、敏感な体質な方は使用を避けること。アレルギーの心配がある方は専門家に相談を。
- 柑橘系の精油には、紫外線により肌に刺激を与える成分（光毒性）が含まれていることがあるため、外出前の使用は避けるようにすること。
- 精油は絶対に飲まないこと。万が一、口に入ってしまった場合は、すぐに水で口やのどをすすぐこと。異常がある場合はすぐに医師の診察を受けること。

本書で使用している精油の特徴

精油	香り	心と体へのはたらき	注意点	使用ページ
イランイラン	甘い濃厚な花の香り	心 心をゆるませ、ストレスを緩和 肌 皮脂バランス、ヘアケア	妊娠中は避ける、 低血圧の人は避ける	94, 98
エレミ	柑橘系の香りと、ウッディで スパイシーな香り	心 心を落ち着かせ、元気にする 肌 抗菌作用、肌荒れ		94
オレンジ	甘く爽やかな香り	心 安眠、ストレスや緊張緩和 肌 血流を促し、肌を健康に		46, 57, 64, 72, 92, 98, 106
カモミールローマン	りんごのような フローラルな香り	心 怒りや緊張をほぐし、前向きに 肌 抗炎症作用、肌荒れ、ニキビ	妊娠中、低血圧の人は避ける、 キク科アレルギーの人は注意	64
サイプレス	ヒノキに似たすっきりさで スパイシーな香り	心 気持ちをしずめる、集中力アップ 肌 汗やにおいを抑える、皮脂バランス	妊娠中は避ける	76, 102
シダーウッド	オリエンタルな甘い香り	心 脳の活性化、集中力アップ、不安解消 肌 皮脂バランス、ニキビ、フケ	妊娠中、授乳中、 てんかん症の人は避ける	42
ゼラニウム	フローラルで 深くハーバルな香り	心 心のバランスを整える 肌 皮脂バランス、かゆみや炎症	妊娠中は避ける	34, 46, 100
ティーツリー	清涼感ある すっきりとした香り	心 心を癒す、リフレッシュ 肌 日焼けや炎症、切り傷		17, 76, 78, 81
パチュリ	土のような香り	心 気持ちをしずめる、判断力アップ 肌 肌を引き締める、かゆみ、炎症	妊娠中は避ける	46
ペパーミント （ハッカ）	スーッとする清涼感のある メントールの香り	心 集中力を高める、疲労をやわらげる 肌 ニキビ、日焼けや炎症、かゆみ	妊娠中、授乳中、てんかん症、 高血圧の人、心臓疾患がある人、 幼児は避ける	60, 102
プチグレン	柑橘系で苦く、 芯のある香り	心 不安や孤独感をやわらげる、安眠 肌 皮脂バランス、シミ予防	運転前は避ける	58
フランキンセンス	爽やかでウッディな中に レモンを含んだような香り	心 気持ちをしずめて穏やかに 肌 肌の再生、シワやたるみ予防	妊娠初期は避ける	32, 90, 106, 110
ベチバー	かすかに甘い スモーキーな香り	心 気持ちをしずめる、安眠 肌 ニキビ、かゆみ	妊娠中や乳幼児への使用は控える、 イネ科アレルギーの人は注意	108
ベルガモット	フルーティで 爽やかな香り	心 憂鬱や不安をやわらげる、安眠 肌 皮脂バランス、殺菌	光毒性あり（ベルガモットFCF＝ フロクマリンフリーは、光毒性なし）	38, 57, 58, 66, 92, 108
マジョラム	ほのかに甘く温かで スパイシーな香り	心 ストレス解消、不安をやわらげる 肌 血流を促し肌を活性化する	妊娠初期、生理中、低血圧の人は 避ける、車の運転前は避ける	34, 38, 100, 106
柚子	爽やかな香り	心 イライラを解消し前向きに 肌 血行促進、肌を清潔に保つ	光毒性あり（抽出法により 光毒性なしのものもある）	118
ラバンジングロッソ	フローラルかつ シャープな香り	心 ストレスや緊張緩和、安眠 肌 炎症、ニキビ、虫刺され	妊娠中は避ける	76
ラベンダー	フローラルかつ ハーバルな香り	心 心を落ち着かせる、安眠 肌 炎症、ニキビ、虫刺され	低血圧の人は避ける	42, 56, 66, 78, 90, 100, 108
リツエアクベバ	レモングラスに似た 爽やかな香り	心 落ち込み感を癒す 肌 収れん作用、皮脂バランス		58, 72
レモンユーカリ	レモンのような ハーバルな香り	心 不安や緊張をほぐし、前向きに 肌 抗菌、抗炎症作用、虫さされ	妊娠中は避ける	81, 82
ローズウッド	スパイシーで ウッディな香り	心 ストレス解消、気分を明るく 肌 肌を清潔に保つ、皮脂バランス		40, 98
ローズマリー	清々しいグリーンの香り	心 集中力アップ、眠気を覚ます 肌 肌の引き締め、たるみ、フケ	妊娠中、幼児、高血圧の人、 てんかん症の人、発熱時は避ける	50

※特に記載のないものは、精油に関する一般的な注意を守ること。妊娠中の方や体調に不安のある方は、かかりつけ医に相談してください。

ドライハーブ

ドライハーブは生活に役立つ植物を乾燥させたもの。
石けんの生地に加えることで、色合いや香り、
質感などをプラスしてくれます。
ハーブにも、それぞれ特有のはたらきがあります。

ドライハーブの役割

ハーブの成分や香りは心や体にさまざまな効果をもたらしてくれます。高濃度な精油に比べ、ドライハーブの香りや効能は穏やかに作用するため、低刺激に仕上げたい場合におすすめ。細かくすり潰したり、オイルに浸したりと、いろいろな使い方ができます。

保管と使用期限

ドライハーブの多くは、製造日から約1年が使用期限の目安といわれます。使用後は密閉性の高い容器に入れ、高温多湿を避け、冷暗所で保管を。乾燥剤を入れておくのもよいでしょう。梅雨や夏場は冷蔵庫での保管も◎。使用時は変色などの劣化がないか確認を。

本書で使用しているハーブの特徴

カミツレ（ジャーマンカモミール）

りんごに似た甘い香りが特徴で、心を穏やかにしてくれる。乾燥肌のかゆみや炎症をやわらげるといわれる。
＊p.57の石けんで使用。

ローズマリー

スパイシーで清々しく、すっきりとした軽い香り。肌の引き締めや血行促進などが期待できる。浸出液は、頭皮トラブルにも◎。「若返りのハーブ」とも呼ばれている。＊p.50の石けんで使用。

ペパーミント（ハッカ）

清涼感あるメントールの香り。心と体の疲れを癒し、リフレッシュさせてくれる。体臭ケアにも効果的。
＊p.60の石けんで使用。

食品素材

身近な食材も石けんに使用することで、
素材が持つはたらきや、色合いをプラスすることができます。
主に、パウダー状になっているものや、
液状にしたものを使います。

食品素材の役割

食品素材の多くは、石けんに加えると、素材本来の色味や質感を取り込むことができ、香りもプラスしてくれます。また、ビタミンやミネラルなどの成分、殺菌や消臭効果など、その食品が持つさまざまなはたらきも添加されるので、石けん作りに幅が広がります。

保管と使用期限

石けんに使用する食品素材は、一般的な保管方法と同様でOKです。食品パウダーなどは、使用後は密閉性の高い容器に入れ替え、直射日光や高温多湿を避けて、冷暗所で保管を。使用期限は食品の賞味期限を参考にして、使用前には香りなどを確認しましょう。

本書で使用している主な食品素材の特徴

食品素材の種類	特徴や肌へのはたらき	使用ページ
ヨモギパウダー	石けんに加えると緑色に仕上がる。 パウダー状のほか、繊維状のものも。ニキビ肌や脂性肌におすすめ。	34, 90, 94, 106, 118
きなこ	石けんに加えると薄い茶色に。皮脂バランスを整え、大豆イソフラボンが代謝を活発にしてくれる。 美白効果と保湿効果があるとされる。	42
ココアパウダー	石けんに加えるとチョコレート色に仕上がる。甘い香りでリラックス効果も。 保湿力を高めるはたらきも期待できる。	46, 92, 114
あずきパウダー	石けんに加えるとあずき色に。洗浄力に優れ、詰まった毛穴の汚れや脂を浮かして落としてくれる。 すっきりとした洗い上がり。	108
アロエベラ	石けんに加えると薄いピンク色に。ニキビや炎症などの肌トラブルに効果的。保湿力も高い。	40
アーモンドミルク	美容効果があると人気のアーモンドミルク。保湿力が高く、洗い上がりはしっとり。 酸化防止効果のあるビタミンEも含まれている。	46
酒粕	もちもちとした泡でしっとり洗い上げる。保湿力が高く、美白効果も期待できる。	48
柚子	血行促進や代謝を活発にするはたらきがあり、冷え性などによいとされる。 柑橘系の爽やかな香りにより、リフレッシュ効果も。	118

Natural Materials

Clay & Pigment

クレイ

クレイは、鉱物を主成分とする粘土を
乾燥させてパウダー状にしたもの。
毛穴などの汚れを吸着して肌を清潔に保ち、
引き締める効果を持っています。
含まれるミネラルとその比率により、
色が異なります。

顔料

顔料はアースピグメントとも呼ばれる、
鉱物を粉末にしたり、
化学的に合成したりした色材です。
化粧品の色づけや、
ファンデーションの原料としても使われます。
石けんに入れると、ごく少量で色がつきます。

主な種類と特徴

ガスールクレイ

モロッコ産の天然粘土。優れた吸着力で毛穴の汚れを取り除き、肌を引き締める。保湿効果が高く、肌や髪をしっとりとなめらかにする。

モンモリロナイトクレイ

フランスのモンモリヨン地区産の天然粘土。ミネラルが豊富で、肌の老廃物を取り除いてくれる効果がある。低刺激なため、敏感肌にもおすすめ。

カオリンクレイ

ベビーパウダーにも用いられる天然粘土。粒子が細かくなめらかで、乾燥肌や敏感肌におすすめ。名前は、中国の粘土の産地、高嶺（かおりん）に由来する。

マイカ

花こう岩や雲母（うんも）という鉱物を粉末にした顔料で、光沢がある。元は白色だが、天然素材で着色したカラーマイカも。本書ではゴールドマイカなどを使用。

ウルトラマリン

ブルー、ピンク、紫などのカラーがあり、少量加えるだけで鮮やかに着色できる。本書ではウルトラマリンピンクやウルトラマリンブルーを使用。

酸化鉄

黄、赤、茶、黒などのカラーがあり、少量加えるだけで落ち着いたトーンの色味に着色できる。本書では酸化鉄黄色や酸化鉄ブラウンを使用。

P.94「菱餅ソープ」カット用型紙

実寸大の型紙です。紙に写すか、コピーするなどしてご活用ください。

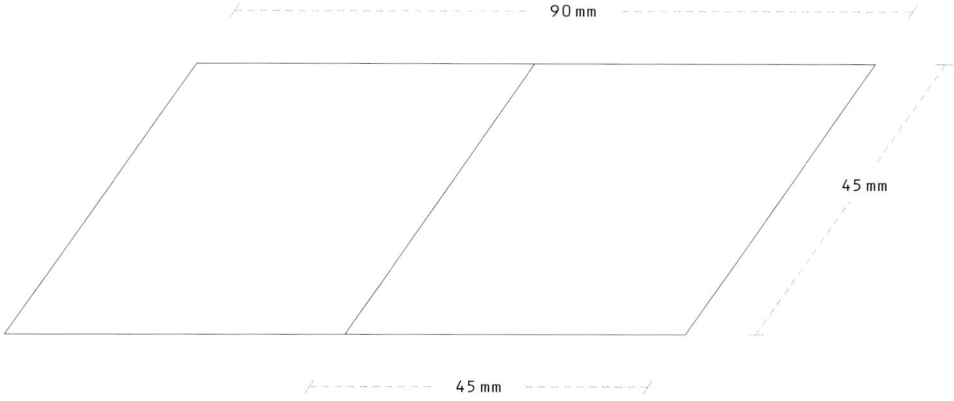

Shop Information

CPソープ作りの道具や材料は、以下のオンラインショップで購入できます。

＊精製水と苛性ソーダは薬局で購入可能です。
苛性ソーダの購入時には身分証明書と印鑑が必要です（p.10）。

アロマティカラボ
オンラインショップ
https://aromatica-labo.jp/

レシピの自動計算ページは
こちらから
https://www.ass-aromatica.jp/soap/keisan

mail：info@aromatica-labo.jp　tel：0256-78-8080
〒959-0264　新潟県燕市吉田3728-28　平日 9:00-19:00　土日 9:00-13:00（水曜・祝日定休）

このほか、以下のサイトでも道具や材料の購入が可能です。

- 生活の木 …… https://www.treeoflife.co.jp/
- オレンジフラワー …… https://www.orangeflower.jp/
- 手作り石けん&材料道具店 tecoloてころ …… https://www.jfish.jp/
- いまじん …… https://www.eco-imagine.com/
- 手作り石けんとアロマ、ハーブのお店 カフェ・ド・サボン …… https://www.cafe-de-savon.com/
- 手づくり石けんの店ツクツク …… https://www.tsukutsuku.com/　など

著者 木下和美

石けんデザイナー。新潟県在住。手作り石けんのアトリエおよびスクール「アロマティカラボ」主宰。繊細で美しいデザインと細やかな手法が人気を博し、国内外で手作り石けんの講習を開催するほか、オンラインレッスンも行っている。
著書、監修に『ハンドメイドの宝石せっけんの教科書』(エクスナレッジ)、『泡立てて作るスイーツ石けん』(グラフィック社)、『あなたの誕生石がつくれる ジュエルせっけんキット』(ポプラ社)など。

HP https://www.ass-aromatica.jp/
Instagram https://www.instagram.com/kinoshitakazumi/

STAFF
撮影　村尾香織
スタイリング　梶本美代子
デザイン　内藤美歌子、丸島琴音(VERSO)
校閲　夢の本棚社
編集　渡邉光里、花澤靖子(スリーシーズン)
企画編集　千葉裕太(大泉書店)

心と体がうるおう
肌にやさしい手作り石けん

2021年 4月9日　初版発行

著　者　木下和美
発行者　鈴木伸也
発行所　株式会社大泉書店
住　所　〒101-0048
東京都千代田区神田司町2-9
セントラル千代田4F
電　話　03-5577-4290(代)
ＦＡＸ　03-5577-4296
振　替　00140-7-1742
印刷・製本　株式会社シナノ

URL http://www.oizumishoten.co.jp
ISBN 978-4-278-05455-2 C0076